為什麼缺點多的人反而受歡迎？

讓你自信做自己，
又能贏得人心、
無往不利的
7個心靈技法

TASAKA HIROSHI

田坂廣志——著

周若珍——譯

人間を磨く 人間関係が好転する
「こころの技法」

目錄 — Contents

Chapter 1

使人際關係好轉的心靈技法

所謂「琢磨自我」並非成為「不會犯錯的人」 008
對於經典提出的理想樣貌之誤解 014
對於能拋開心中「小自我」的誤解 020
切勿盲目追尋一致性人格 025
面對難解的人際關係，正是琢磨自我的絕佳機會 030

Chapter 2

第一個心靈技法——在心中承認自己的過錯

只要改正過錯和缺點，就會受人喜愛嗎？ 036
「優等生」不見得就能受人歡迎 038
為何缺點多的人反而受歡迎？ 044
比「認錯」更高的層次，就是「感謝」 051
為什麼心中的「意念」能傳達給對方呢？ 053

Chapter 3

第二個心靈技法——主動開口，讓視線交會

為什麼「討喜」能挽救缺點？ 058
讓雙方「僵硬的心」瞬間融化 062
了解「自我厭惡」與「他人不安」 069
主動敞開心胸，卻遭到拒絕該怎麼辦？ 073
人際關係逐漸惡化的真正原因 076

Chapter 4

第三個心靈技法——凝視心中的「小自我」

為何人們無法承認「自己的過錯」？ 080
「小自我」與「大自我」的無形戰爭 084
擁有真正的自信才能展現謙虛態度 087
假如不是真的堅強，便無法感謝他人 092
如何獲得真正的自信和堅強？ 095

Chapter 5

第四個心靈技法——試著喜歡對方

我們有可能喜歡「討厭的人」嗎？ 102
人本來就沒有「缺點」，只有「個性」 106

我們討厭的人其實和自己很像 109
與對方有「同感」，就能喜歡對方 112
與對方的心面對面，關係就會變好 115
試圖喜歡對方，就是最美好的禮物 118

Chapter 6

第五個心靈技法——了解言語的可畏，善用言語的力量

「嫌惡的言語」會帶來「嫌惡的情緒」 122
言語會透過「身體」對「心」產生影響 125
我們內心深處總是喜歡「唱反調」 126
在深層意識中產生的「自我厭惡」與「他人不安」 130
光是在心中稱讚對方，就能減弱厭惡感 136

Chapter 7

第六個心靈技法——離別之後也要維繫心的關係

關於「愛」的定義 142
「留下未來能和解的餘地」才是真正的智慧 146
「和解」有時會出現在十年之後 150
能與已經辭世的人和解嗎？ 156

Chapter 8

第七個心靈技法——深思相遇的意義

有可能與「無法和解的人」和解嗎？ 164
當「不幸的相遇」變成「難能可貴的相遇」 168
每場相遇都有其深意 171
「成長課題」永遠會緊追著我們 174
人生中的遭遇都是測試自己的「考試」 176
「解釋人生的能力」即編寫「人生故事」的能力 182
即使是有衝突的相遇，也是深厚的緣分 185
我們藉由相遇而共同成長 188

後記

「琢磨自我」的真義 190
謝詞 197
作者簡歷 199

Chapter 1

使人際關係好轉的心靈技法

所謂「琢磨自我」並非成為「不會犯錯的人」

「琢磨自我」——這是一句非常吸引人的話。

我年輕時也曾被這句話深深吸引。

當時每次閱讀討論人生的經典，我心中都會響起這句話：「用一生的時間琢磨自我，追求完美的人格。」一直以來，我都把這個想法放在心中的某個角落。

「琢磨自我」這句話的意思是藉由人生的經驗，慢慢雕琢出「自我」。

恰如雕琢璞玉的時候，「暗沉」、「汙漬」和「瑕疵」會逐漸消失一樣，只要持續琢磨自我的人格，「過錯」、「缺點」和「不成熟」也會慢慢消失。

這麼一來，人就會宛如雕琢後的玉石一樣，自然而然地散發光輝。

而這種光輝會吸引周遭的人們，讓許多人聚集在身邊。

所謂「琢磨自我」，正隱含著這層意義。

真正的成長會讓你看見不成熟的自己

年輕時，我深為「琢磨自我」這句話所吸引，始終將這句話放在心底，就這樣度過了六十五年的歲月。

如今回首過往，我雖然仍不夠成熟，但一路走來也算小有成長。同時，我也和許多很棒的人結下善緣，在人生道路上共行。

然而，當虛心檢視自己時，我發現直到現在，自己距離「完美的人格」還非常遙遠；身為一個人，我還有很多地方不夠成熟。

有句俗話說：「知識宛如氣球」。

這句話是譬喻就像氣球愈膨脹，與外界接觸的表面積便愈大；當累積愈多知識，與未知接觸的表面積就會逐漸增加，不懂的事情也會愈來愈多。

既然如此，那麼或許也可以說：「一個人的成長，同樣宛如氣球」吧。

一個人愈是成長，愈能看見應該追求的高度，並深切感受到自己有多不成熟。這是不爭的事實。

因此，每當我想起「用一生的時間琢磨自我，追求完美的人格」這句話，就會發現自己的不成熟。

正當我為此感嘆時，忽然有一句話浮現在心頭，並成為我的救贖。

那就是淨土真宗的開山始祖親鸞聖人所說的——

「人心如蛇蠍。」

就連親鸞聖人這樣的宗教大師，也在年歲漸增之後表示：「人的心就像蛇與蠍子一樣。」這句話顯示，無論一個人在人生路上累積了多少修行，內心深處依舊有著不成熟的心靈，而這就是人類真實的姿態。

假若真是如此，我的心中出現一個疑問。

所謂「琢磨自我」，真的是成為「不會出錯的人」或「沒有缺點的人」嗎？

不，並非如此。我們是不是其實能**帶著「過錯」、「缺點」和「不成熟」，與身旁的人構築良好的人際關係**呢？是否可以透過這樣的關係，活出美好的人生呢？

這是一個度過了六十五年歲月的人，心中最誠實的想法。

所以，本書在闡述「琢磨自我」時所採取的角度，並非「立志成為一個沒有過錯和缺點的人」，而是「接受自己擁有過錯、缺點和不成熟之處」，同時也會說明有助於達到這個目標的具體技法。

不過，進入正題之前，我想先回答許多讀者心中，對於「琢磨自我」這個詞彙所抱持的疑問。

那就是「平常只要談到『琢磨自我』，大部分的人都會說『去讀經典吧』、『去讀經典，然後學習做人的能力』，但為什麼讀了經典之後，我還是很難學會『做人的能力』呢？」

閱讀經典是否就能提升做人的能力？

相信許多讀者一聽到「琢磨自我」，就會聯想到「做人的能力」吧。

大家在評價充滿魅力或優秀的人物時，經常使用「他做人的能力很好」這樣的敘述。我想這句話的意思，或許正是我們應該學會的「**身為一個人所應具備的綜合能力**」，同時也是「**身為一個人最大的力量**」吧。

一般所說的「琢磨自我」，正是慢慢學會與提升「做人的能力」。

那麼，我們究竟該如何學會這種能力呢？

諸多有識之士推薦的方法之一，就是閱讀古今中外被稱為「經典」的書籍。

除了經典本身之外，像是「從經典學習做人的能力」之類的解說書籍也充斥在市面上。這類書籍大多會從經典中節錄一段內容來介紹，並加上簡明易懂的解說，教導讀者「身為一個人就應該如此」。

此外，市面上也有很多介紹古今中外賢達的人生或言論，告訴讀者「我們應該學習這種優秀的人」的書籍。

不過，光是一直看這種書，真的就能提升「做人的能力」嗎？

我想其實很多讀者應該都有這種感受吧——**即使讀了「經典」，也沒辦法學會「做人的能力」**。

閱讀經典後，大家會對書中所描述的「理想樣貌」深有同感。為了接近那種樣貌，於是每天努力工作和生活。但不夠成熟的那面卻很快就顯現出來，只能看著距離理想樣貌還十分遙遠的自己而嘆息。

相信擁有這種感慨的讀者一定不少吧？

例如，某位公司老闆看見經典上寫的「屏除私心」和「抱著利他的心態生活」便非常有共鳴。可是當他一回到日常工作中，面對現實問題時，內心那個「以自我為中心」和「充滿算計」的自己就理所當然地再次出現。

另外，為人父母者看見經典上寫的「要相信孩子的可能性」便非常有共鳴。但是一回到日常生活中，面對孩子學業成績低落的現實時，在心中感嘆「這孩子還真是不會念書啊」的自己就會出現。

事實上，每個人應該都有這樣的經驗吧！

當這種經驗反覆出現，我們往往會把無法成為經典中「理想樣貌」的原因，歸咎於自己的無能，責怪自己「意志薄弱」或「不夠克己」。

但事實並非如此。

真正的原因其實是我們閱讀經典時，誤解了「閱讀經典的方法」。

對於經典提出的理想樣貌之誤解

接下來的章節，我將談論對於閱讀經典的三種誤解。

第一個誤解，就是我們常在閱讀經典時，試圖學習「身為一個人就應該如此」的「理想樣貌」。

然而閱讀經典時最重要的，其實是**學習「身為一個人該如何有所成長」的「具體修行方法」**才對。尤其要學習其中的真諦，即**「正確的心態」**。

事實上，從經典中學習「理想樣貌」也相當重要。只是無論我們怎麼學習，**若不先學會足以讓我們朝著目標成長的「具體修行方法」，就一步也無法向前。**

用「爬山」來比喻「琢磨自我」和「提升做人的能力」便簡單易懂。

就算閱讀了許許多多的經典，並把當作目標的「高聳山頂」銘記在心，一個生手若沒有先學會從山麓爬上山頂的「爬山方法」，別說攻頂了，就連山路都沒辦法走。

接著我要介紹一個小故事，來說明所謂「高聳山頂」（理想樣貌）與「爬山方法」

（具體修行方法）的差別。

不成熟的人反而會帶給我們鼓勵

某雜誌總編採訪一位長年績效優異的老闆「經營的關鍵」為何，這位老闆只簡短地說了一句話：

「愛你的員工。」

另一名雜誌記者則採訪了正在為訓練部下而奮鬥的中階主管，請他分享甘苦談。於是這位中階主管語帶猶豫地回答：

「老實說，看見怎樣都學不會的部下，有時也會想放棄指導他。那種心情就像是『撐不下去了……』。但睡了一覺醒來後，不知為何，我覺得自己能和他成為主管與部屬的關係，也是一種深深的緣分嘛……。仔細想想，我年輕時其實也是個『學不會的部下』。於是很奇妙地，我就會想再努力一下。」

請問以上兩則小故事，哪一則才能當作培養「做人的能力」的參考呢？對正在爬山的人來說，哪一則才能成為精神食糧呢？

想必答案已經很明顯了吧。

前者老闆所說的絕對沒錯。「愛你的員工」是每個人都認可「身為一個人就應該如此」的樣貌。

然而聽見這樣的話，一個還不夠成熟的人難道不會咕噥：「這我當然知道，但就是因為總是沒辦法愛眼前的員工，所以才會這麼苦惱啊……」嗎？

相反地，對於還不夠成熟的人來說，那位中階主管的感想正是一種鼓勵，更能讓人從中學習。

每個人都曾有過想放棄的念頭，或者睡了一覺之後心情轉變，把和對方的相遇當作緣分，以及回想自己年輕時的不成熟。

人生中的每一句話都值得我們深思。

上述道理不止適用於「主管與部屬」之間的人際關係，對於「老師與學生」及「父母與子女」的關係，一定也都很有幫助。

在這兩則故事中，前者就像一位優秀的人指著自己已經抵達的高聳山頂，對大家說：「你們應該爬上那座山頂。」

後者好比一個內心懦弱、步調緩慢的人，但不放棄以攻頂為目標、一步步往前走，說著：「即使是不成熟的人，只要抱著正確的態度往前走，雖然前進速度很慢，但最後依然可以登上山頂吧。」

其實，人們稱為經典的書籍裡都包含了「一個人理想的樣貌」，以及「具體的修行方法」。

對於心靈不夠成熟又懦弱的我們而言，真正能帶來鼓勵、成為精神食糧的，其實是後者。當我們閱讀經典時，應該深讀的就是具體的修行方法。

從經典中學習「具體的修行方法」

被人們稱為優異的經典當中，也有不少是作者以凡人之姿，抱著不夠成熟又懦弱的心靈持續追求成長，在一邊與自己奮戰、一邊爬上山頂的過程中所撰寫。

例如《歎異抄》（譯註：鎌倉時代後期的日本佛教書籍）這部經典。學習淨土真宗的開山始祖——親鸞聖人的教誨時，幾乎所有人都會將這本書當作入門。然而這本書並非親鸞所著。

這本書是由師事親鸞、隨侍在旁修行的弟子唯圓所撰寫。親鸞聖人的教誨能廣為流傳，這本書功不可沒。想學習親鸞聖人教誨的人，幾乎沒有人是從親鸞撰寫的《教行信證》入門。

同樣地，《正法眼藏隨聞記》（譯註：嘉禎年間的曹洞禪語錄）這部經典也是如此。學習曹洞宗的開山始祖——道元的教誨時，幾乎所有人都會從這本書開始。然而這本書亦非道元所著。

這本書是由師事道元、隨侍在旁修行的弟子懷奘所撰寫，也讓道元的教誨得以流傳於世。想學習道元教誨的人，很少是由道元本人撰寫的大作《正法眼藏》入門。

由此得知，有許多優秀的經典是由一個還不成熟的人，帶著不夠成熟的心靈，訴說爬上高聳山頂的心路歷程。

令我們感動的是，一個人縱使仍有著身為凡人的不成熟與懦弱，卻依然不斷追求成長、繼續往前走的身影；即使偶爾也會仰天長嘆自己步伐緩慢，但絕不停下腳步的姿態。

透過經典，**我們除了要好好學習什麼是應該攀上的「高聳山頂」（理想的樣貌），還有「爬山的方法」（具體修行方法）及爬山時的「態度」**。

老實說，才疏學淺的筆者把唯圓和懷奘這樣的大師評論為「不成熟的人」，實在是僭越至極。更正確地說，應該是因為他們已經達到如此高深的境界，卻依然持續檢視「自己的不成熟」，這種謙虛的態度深深感動了我們吧。

放眼世界，許多引經據典、揭示「身為一個人就應該如此」等教誨的人，在現實世界的樣貌相去甚遠，反而缺乏「做人的能力」。有時這些人不知不覺便陷入了自我感覺良好的幻想，以為「自己就是那樣的人」。

正因如此，我們在閱讀經典時，更應該好好地學習作者所展現的「身為人的謙虛態度」。

對於能拋開心中「小自我」的誤解

那麼，閱讀經典時的第二個誤解是什麼呢？

那就是**粗淺地解讀眾多經典上所謂的「屏棄私欲」和「拋下私心」，而試圖否定或拋開自己心中的「私欲」與「私心」，也就是「小自我（ego）」**。

這為什麼是誤解呢？

因為我們心中的「小自我」是無法屏除的。

就算我們以為屏除了「私欲」和「私心」等「小自我」，事實上也只是壓抑著它，不讓它浮現於表面而已。因此，這個**「小自我」雖然暫時因為壓抑而藏在內心深處，但總有一天會偷偷竄出心底**。

舉例來說，當同事升遷時，我們心想「我才不會嫉妒他呢」。可是過了幾個月後，如果這位同事因病請假，在心中暗自竊喜的自己便會出現。

對周遭宣揚屏棄私欲的人可能陷入了自我幻想

就算我們自認拋棄了「小自我」，它仍會在內心深處蠢蠢欲動。而這樣的「小自我」，有時甚至會以極為巧妙的方式操控我們的心。

例如上述的「屏棄私欲」和「拋下私心」。

第一次在書裡讀到這兩句話時，我們會誠懇地接受它，希望自己也能成為一個不受「私欲」或「私心」控制的人。如果只是在心中想著「我要屏棄私欲」或「我要拋下私心」還沒關係，但若是一個尚在修行中的人對著周遭人們說這兩句話，就會開始陷入危險的狀態。

因為如此一來，這個人不知不覺中，就會在心中產生「我是個已經屏棄私欲的人」或「我是個已經拋下私心的人」這樣的幻想。

而這種幻想的背後，勢必躲藏著「小自我」。

換言之，這樣的人其實是想藉由對身邊的人說「你應該屏棄私欲」和「你應該拋下私心」，使對方認為他已經達到這般境界，希望大家覺得他很了不起——這就是藏在他心中的「小自我」。更可怕的是，把「屏棄私欲」和「拋下私心」掛在嘴邊的人，永遠不會發現自己心中蠢蠢欲動的「小自我」。

因為我們心中的**「小自我」有時甚至會扮演「扔掉了小自我的高潔之人」，試圖從中得到滿足**。

像這樣，即使我們試圖否定和拋開心中的「私欲」或「私心」，但那只是暫時壓抑，總有一天，那個「小自我」一定會不經意地浮現。

而且這個「小自我」出現的時候，會假裝是個「已經扔掉小自我的人」的模樣。

那麼我們究竟該如何是好呢？

靜靜凝視你的「私欲」和「私心」

「小自我」在內心深處蠢動，有時化為嫉妒心或虛榮心，有時則化為功名心出現，倘若我們既不能否定，也不能扔掉或消除它，到底該怎麼辦呢？

應付「小自我」的方法只有一個。

那就是靜靜地凝視它。

這是唯一的方法。

例如，當內心產生對別人的「嫉妒心」時，就必須靜靜地凝視自己的內心，想著：「啊，我對那個人產生了嫉妒之心……」

也就是說，對於「嫉妒心」，我們既不否定、也不肯定，只是靜靜地凝視它。不必想著「啊，我不能有嫉妒心」來予以否定，也不用去想「不，這份嫉妒心會成為我的助力」而予以肯定，只要靜靜凝視，承認自己「噢，我產生了嫉妒心」就好。

這說起來簡單，實踐並不容易。可是，假如能夠做到這點，很奇妙地，我們心中蠢蠢欲動的「嫉妒心」便會慢慢沉靜下來。

其實這種應付「小自我」的成熟「心靈技法」，自古以來在佛教等經典裡，就已經以各種形式被提及；而近年有些流於表面的經典解說中，「應該屏棄私欲或拋下私心」等單純的印象，似乎隨著想演出「高潔人物」的「小自我」而逐漸傳開。

正因如此，我們在閱讀經典時，才不應該用單純且表面的態度去理解這些語句，必須同時學習靜靜凝視著自己內心的「私欲」、「私心」與「小自我」的成熟「心靈技法」才是。

閱讀經典、追求心靈成長而修行的人們最容易陷入的幻想，就是「我是個已經屏棄私欲的人」和「我是個已經拋下私心的人」，前述親鸞聖人所言「人心如蛇蠍」這句話，從某種角度來說，正好給了這種想法最佳的警惕，更是對蠢動的「小自我」所敲響的警鐘。

切勿盲目追尋一致性人格

至於第三個誤解，**就是在閱讀經典時，我們總會在心中描繪理想的「一致性人格」，當作我們應該追求的目標，而不斷追尋它。**

最具代表性的，就是「表裡一致的高潔人物」這句話。

這句話的意思是「必須以表裡一致的人格與任何人往來，而且絕不作惡，成為受到大家尊敬的人物」。的確，假如能成為這樣的人，或許是值得我們賭上人生也要追尋的目標吧。

但事實上，我們真的能夠成為那種人嗎？

培養內在的「各種人格」，而非「一致性人格」

成為「表裡一致的高潔人物」這句話已經烙印在我們心中，並且形成根深柢固的觀念。

因為「表裡」這個詞彙，已經隱含著「表＝善」、「裡＝惡」的價值觀，以及「對社會或他人抱持『表的一面』卻還有『裡的一面』，這是無法被原諒的情況」。

然而，我們真的可以只用「表的一面」來面對工作或生活嗎？

答案絕對是否定的。

以業務員為例。在家裡，他是為孩子煩惱的父親，經常因為太寵小孩而遭到妻子抱怨；但在公司裡則是一個幹練的業務經理，在屬下和主管眼中都占有一席之地。偶爾回老家探望母親時，他又會回到以前那個獨生子的模樣，任性地要求母親製作自己喜歡的菜餚。當他去參加高中同學會時，遇到無所不談的朋友們，學生時期愛開玩笑的活潑態度就會浮現在表面。

也就是說，這個人擁有「為孩子煩惱的父親」、「幹練的業務經理」、「向母親撒嬌的獨生子」，以及「喜歡開玩笑的朋友」等多重樣貌，這些人格都能被自然地區分出來。

環顧四周，想必各位會發現這樣的人絕對不稀有吧。

不，就連我本身也在家庭、公司、老家和朋友等各種人面前，用不同的態度與他們接觸。

我在拙作《多重人格的天賦力量》也曾提過，**其實我們每個人都擁有「多種人格」，並隨著工作或生活的情境與狀況不同，用不同的人格來面對。**

如果能理解這點，便會明白在閱讀經典時，假如在心中描繪出理想的「一致性人格」，並試圖變成這樣的人，是一件不正確的事。

我們應該追求的目標，其實是找出自己內心的「多種人格」，在職場和生活中，配合不同場景，培養適當切換人格的能力。

承認自我的陰暗面

我們真的可以成為絕對不做壞事，受到每個人尊敬的「高潔人物」嗎？

佛教經典裡有個詞彙叫做「鬼手佛心」。這個詞彙是敘述一個人在如鬼怪般嚴苛的處世態度背後，其實藏著像佛陀般慈愛的心；在某種狀況下，這正是一種「理想樣貌」。而這裡所謂的「鬼」和「佛」兩種人格，乍看之下雖然矛盾，卻在同一個人心中共存。但也因為如此，在某些人的眼裡，這個人看起來就像「鬼」一樣，絲毫無法令人尊敬，而在另一些人的眼裡，卻像「佛」那般值得尊敬吧。

另外，在商業世界裡有這麼一句話：「把公司經營得有聲有色的人，往往有能力做壞事，可是他們卻不會去做。」這點出了「雖然內心擁有被稱為『壞人』的人格，但同時也有可以控制該人格的『另一個人格』」有多麼重要。

換言之，正因為心中藏有「懂得做壞事的人格」，才能體會屬下或員工想做「壞事」的心情，防患於未然。此外，這些人也會事先考慮客戶或競爭對手可能做出「壞事」，而採取適當的預防措施。

如上所述，我們心中不但存在好幾種人格，甚至有可被稱為「鬼」或「惡」的人格。除了親鸞聖人所說的「人心如蛇蠍」之外，這樣的現象在文學等深入刻劃人性的經典作品中，也以各種形式出現。

最重要的是，**不要忽略自己心中的「鬼」和「惡」，我們必須承認其存在，並培養足以壓制它們的「另一個人格」**。

也就是說，我們在閱讀經典時，不應該只把具備「善」的「一致性人格」當作理想來追尋。這麼做的結果，只是讓我們刻意忽視心中的「惡」，不斷壓抑它，反而會在意想不到時，因為「惡」的浮現而重重跌一跤。

我們應該藉由從經典學習的技法，找出自己心中包括「鬼」、「惡」、「邪」等多種人格，並用光照亮它們。同時，也必須學習在內心培育各種人格，依照不同的場景和狀況適當地切換。

面對難解的人際關係，正是琢磨自我的絕佳機會

當我們為了琢磨自我、提高做人的能力而閱讀經典時，必須把前述「三個誤解」放在心上。

因此，本書中我將以這三個誤解為基礎，從下述三個角度來探討如何琢磨自我、提高做人的能力。

第一個角度：不試圖成為一個理想化的「具有一致性人格」的人，而是培養心中的各種人格，隨著不同的場景和狀況，適切地展現不同面貌。

第二個角度：不試圖屏除心中的「小自我」，而是培養出可以靜靜凝視小自我的「另一個自己」。

第三個角度：並非只討論「理想樣貌」，必須學習一步步朝向此目標成長所需的「具體修行方法」。

何謂具體的修行方法？為了琢磨自我、提高做人的能力，我們必須在哪裡進行這些修行？

簡單來說，不論是職場、與家人和親戚共度的生活，或者和朋友交往的過程中，都會因為直接面對各種人際關係問題而感到猶豫、煩惱。

事實上，世界上本來就有美好而令人懷念的邂逅，也有如哲學家沙特所說的「他人即地獄」一般，令人心痛的惡劣人際關係。

但是這些不和諧、不信任、反目成仇、反彈、對立、衝突、嫌惡、憎惡等痛苦經驗，只要以正確的方式面對，就會成為琢磨自我、提升做人能力的最佳良機。相反地，若選擇了錯誤的方式，便可能使自己陷入孤獨。

那麼，二者的差別為何？

處理人際關係時的「心態」正是其中差別。

最棒的修行總是在生活或工作中

所謂的「心態」，亦可解釋為「心理準備」、「心的態度」和「心所應呈現的樣貌」。這並非「身為一個人就應該如此」般的大道理，頂多只能稱為小小的「心靈技法」罷了。這是一種面對人際關係問題時，我們可以想起它，透過些許努力就能實踐的心靈技法。

本書將會介紹七個「使人際關係好轉的心靈技法」，這七個技法如下。

第一個心靈技法　在心中承認自己的過錯
第二個心靈技法　主動開口，讓視線交會
第三個心靈技法　凝視心中的「小自我」
第四個心靈技法　試著喜歡對方
第五個心靈技法　了解言語的可畏，善用言語的力量
第六個心靈技法　離別之後也要維繫心的關係
第七個心靈技法　深思相遇的意義

每一個技法都極為具體，當讀者面臨人際關係問題時，馬上就能實踐。只要實踐

一次，相信很快就會察覺這個技法所擁有的「深度」。

事實上，**真正的修行本來就能輕易融入工作和生活中，同時又具有深度**。

例如，在每天的工作和生活中，當我們向人道謝時，不要只在口頭上說「謝謝」，而是必須帶著「感謝」的心情。這便是一種修行。

這就是一種極為具體的「心靈技法」之實踐，每個人都做得到。實踐後會發現其「深度」，接著只要一邊品嘗這份「深度」，一邊持續「修行」，總有一天會發現自己的「言語」中蘊含著寂靜的力量，同時也會發現心靈產生了莫大變化。這種變化正是「琢磨自我」的真義。

當各位讀者在日常生活中遇到阻礙時，請回想接下來要討論的「心靈技法」，再從「七個技巧」任意擇一。或許你會覺得這些技巧都很樸素，但只要誠心誠意地實踐，人際關係一定會有巨大的改變。

只要實踐這些「心靈技法」，持續修行，每天面對的人際關係就會變成琢磨自我、提升做人能力的絕妙機會。

那麼，就請聽我娓娓道來吧。

Chapter 2

第一個心靈技法——在心中承認自己的過錯

只要改正過錯和缺點，就會受人喜愛嗎？

在日常生活與工作中，我們可以透過什麼樣的「心靈技法」來琢磨自我，提升做人的能力呢？

第一個技法是：**在心中承認自己的過錯**。

然而，一聽我這麼說，各位讀者可能馬上就會提出疑問吧。

為什麼不是「改正過錯」而是「承認過錯」呢？

的確，假如能做到「改正過錯」，當然再好也不過。

每個人都希望人見人愛，因此認為我們必須改正自己的過錯，消弭自己的缺點，成為一個成熟的人。

大家都想琢磨自我，提升做人的能力，成為一個受歡迎的人。

不過，**人其實很難改正自己的「過錯」、「缺點」和「不成熟」**。事實上，假如真的能夠輕易辦到，那麼人生中的各種辛勞與人際關係上的煩惱，絕大部分都會迎刃而解了。

可是若不加以改正，我們豈不是無法與身旁的人維持良好關係嗎？

事實絕非如此。

甚至應該說，當我們觀察能與周遭保持良好關係的人時，會發現這些人絕非完全沒有「過錯」、「缺點」和「不成熟」。

放眼世上，有著「過錯」、「缺點」和「不成熟」的人，卻能與身旁的人保持良好關係，絕對不是少見的事。

為何如此呢？

想要理解這一點，我們可以試著逆向思考，也就是**沒有特別的「過錯」或「缺點」，卻不太受周遭歡迎的人也存在於這個世上**。

換言之，有些被稱為「優等生」的人，卻不知為何不受旁人喜愛。

為什麼會出現這種奇妙的現象呢？下節我將說一個小故事，來幫助各位思索其原因。這是在我二十五歲左右時發生的汗顏失敗經驗。

「優等生」不見得就能受人歡迎

我在一九七四年從大學工學院畢業之後，又花了兩年在醫學院實驗室裡，學習放射線醫學。其後，我又繼續攻讀工學院研究所，研究核能的環境安全相關問題。

我在醫學系的指導教授Y，是一位嚴格但充滿了愛的老師。在專題討論上台報告時，假如表達得令人難以理解，老師就會說：「不用報告了！」立刻要求學生停止。另外，假如學生隨便亂寫書面報告，老師就會說：「這種東西誰看得懂！」並把報告扔向學生。

對我而言，他是我遇見的老師裡格外嚴厲的一位，但是今天我能以寫作、演說為業，全都要感謝這位Y教授。以這個角度來看，能與這位教授相遇，我抱持著一輩子的感謝。而在他的薰陶下，我也得到了此生中最深植內心的教誨。

某天，因為研究所需，我必須進行一個使用放射性物質的實驗。當時教授把我叫去，對我這麼說。

「聽說你下週開始要做實驗對吧。明天你先在我面前演練一次，我幫你看看實驗步驟。」

那瞬間我心想「哇，老師一定會嚴格地確認我的實驗步驟吧……」於是立刻去找K助教，請助教鉅細靡遺地教導我這個困難的實驗。

隔日，Y教授來到了實驗室。教授坐在一旁的椅子上，雙手交叉在胸前，一臉嚴肅地看著我。而我便在他的注視下，按部就班地進行實驗。

當進行到特別困難的步驟時，我還會大聲喊出「用眼睛確認安全吸球的位置」之類的口訣，一邊複誦實驗要點、一邊進行。

教授自始至終都帶著嚴肅表情看著我，但直到最後，他都沒用過「慢著！這裡步驟錯了！」之類的嚴厲指責來指正我。

實驗結束後，教授顯得有點失望，問了我一句話：

「是誰教你的？」

「是K助教教我的……」我回答。

教授只和我說了這句話，便離開實驗室。

優等生意識造成人際相處的藩籬

看著教授的背影，我內心不免得意了起來。實驗順利地完成了，而且那位嚴厲出名的教授竟然完全沒有提出糾正。

我沉浸在這樣的滿足感當中。

在這個研究室裡，我一直都是這種「優等生」。

求學的兩年中，這位嚴厲的教授從來沒有針對上台報告的方法、書面報告寫法及實驗進行方式來責罵我。

我在這間實驗室的學習告一段落，準備回到工學院研究所的那天終於來臨。

我收拾好實驗室的桌子、與夥伴們打過招呼，最後來到Y教授的辦公室辭別。

當時Y教授對我說的話，改變了我的人生。

不，應該說是拯救了我的人生吧。

我在Y教授的辦公室裡向他道謝時，他也對我說了一些諸如：「這段時間你付出了很多努力呢」、「你很優秀喔」等的客套話，但到了最後，他直視我的雙眼說：「不過呢……」

教授的語氣非常平靜，眼神中也充滿了對學生的愛，可是那句話卻深深刺進我的胸口，一輩子迴盪在我心中。

「你呀……真是不討喜耶。」

這也是我從恩師那裡得到的終生教誨。

幾年後我從研究所畢業，開始出社會工作，面對各種人際關係問題時，每每救了我的正是這句話。

「你真是不討喜。」這句話確實指出了當時的我身為一個人的「不成熟」，同時也指出我心中「隱藏的驕傲」。

只要是人，任誰都會犯錯，都有缺點和不成熟的地方。

即使如此，我卻自以為「自己沒有過錯和缺點」，在內心暗自竊喜。

教授想必早就從我當時的言行舉止，看出我心中「**隱藏的驕傲**」和「**下意識的傲慢**」了吧。

不討喜是因為喪失柔軟的心

放眼世上，的確有些人明明沒什麼特別嚴重的「過錯」或「缺點」，卻不受周遭歡迎，有時甚至還被人們討厭。

為什麼大家的心會遠離這樣的人呢？

很汗顏地，只要我回想自己年輕時的模樣，便能理解那是什麼緣故。

不管是誰，一定都有某種缺點和不足之處。

然而有的人卻一心想成為沒有缺點的人，或自以為是個沒有缺點的人，同時擺出這種態度。

在這些人心中萌芽的，就是自己「沒有過錯」或「沒有缺點」這種隱藏的驕傲，甚至是下意識的傲慢，例如自己「很優秀」或「比別人強」。

伴隨著這種驕傲與傲慢而來的「優等生意識」，就會使得人心遠離。

在我即將告別研究室時，恩師所提到的「討喜」，指的就是坦率承認自己的過錯、缺點與不成熟的「**柔軟的心**」。

「討喜」這個詞，讓我知道擁有一顆「柔軟的心」多麼重要。在我三十歲出社會後，它支持著我的人生，為我指引方向。

在社會上走過了三十五年的歲月，如今回頭一看，才發現我這個不成熟的人，著實度過了一段難能可貴的人生。

當身邊人們的心逐漸遠離，並不是因為這個人會犯錯、有缺點或不成熟。而是**因為這個人不承認自己的過錯與缺點，或自以為沒有過錯和缺點，人心才會逐漸遠離**。然而，除了這樣的人，必然同時存在著展現截然不同姿態的人。

有些人明明會犯錯、有缺點，也有不成熟的地方，卻受到身旁人們的喜愛。下一節我將探討其原因。

為何缺點多的人反而受歡迎？

多年來我在各種職場工作，看過了許多人，但是有一件事總讓我覺得奇妙。**那就是有些人明明有各種缺點，卻不會惹人討厭**。不，甚至有時還受到大家喜愛。例如一名主管或企業經營者，即使有他優異的地方，可是也會有許多缺點，因此偶爾讓屬下或員工傷透腦筋。可是不知為何，這樣的人卻能受到愛戴。

有缺點的主管也能受部屬喜愛？

某公司業務部門的A課長，擁有非常出色的業務能力，個性卻大而化之，甚至有時忘記要開會，給身邊的人添了不少麻煩。

某天也是如此，大家都已經準備開會了，他卻還在外面跑業務。這時屬下趕緊撥打他的行動電話，請他立刻回來。

在會議室空等的與會人員心想「怎麼又來了，真是的……」正當此時，A課長終於回來了。

「抱歉！抱歉！不好意思讓大家久等了！我又幹了蠢事啊……」

聽見這句話，會議室便傳出一陣苦笑聲。

會議結束後，A課長的屬下對其他部門的與會人員道歉：「剛才讓各位久等，真是抱歉。」對方臉上雖帶著苦笑，卻體諒地說：

「真是的，他老是這樣。拜託饒了我吧……」

不知為何，這位A課長似乎不太會引人反感。

某中小企業的B老闆相當具人情味，把公司當成一個家在經營。員工都暱稱他為「老爹」，和他感情相當好，但他卻有個令人傷腦筋的地方。

也就是他常常勃然大怒，員工們私下都叫他「瞬間沸騰熱水壺」。某天他因為一個行政上的小失誤，就對員工C破口大罵，然後便離開了。C顯得有點低落，而身邊的人只能無奈地表示：「又來了啊……」

過了不久，老闆談完生意從外面回來，手上還拿著一個鯛魚燒的袋子。他請員工泡茶，全公司共同享受一段「鯛魚燒休息時間」。

員工們在茶水間竊竊私語地說：

「老闆就是這樣……」

「嗯，因為C喜歡鯛魚燒嘛。」

「那就是老闆獨特的體貼啊！」

「不過C的心情確實好一點了呢。」

不知為何，這位B老闆也不會令人厭惡。

各位讀者身邊，是不是也有像A課長或B老闆這樣的人呢？

他們有很多缺點，有時還會讓屬下和員工傷透腦筋，但不知為何，他們卻不會引起反感，反而頗受歡迎。

假如我們去詢問這兩人的屬下和員工：「你們A課長很令人頭痛吧？」「你們不討厭B老闆嗎？」大概會得到以下的答案。

「的確，課長大而化之的個性，實在令人頭疼，但我就是沒辦法討厭他……」

「這個嘛，被老闆大聲斥責的瞬間，當然會有點生氣，但他就是莫名地討喜……」

為什麼A課長與B老闆不會被屬下和員工討厭呢？

讓我們試著更進一步思考看看吧。

有自覺與承認過錯能彌補我們的缺點

首先是A課長。雖然他有很多缺點，不過他非常清楚自己的缺點是什麼，而且會老實地在同事面前承認。

這點其實就展現在他一走進會議室，便帶著愧疚的神情說「抱歉！抱歉！」的態度上。另外，「我又幹了蠢事啊」這句話，也顯示出他對自己的缺點有自覺。

至於B社長，雖然冒出「脾氣暴躁」這個缺點之後，並沒有直接對員工道歉，卻用無言的訊息傳達「抱歉，亂罵人是我不對」的反省和歉意。所謂的無言訊息，就是他特別帶回來的「鯛魚燒」，而且從員工在茶水間的對話，便能看出這份訊息確實傳達給員工了。

也就是說，這位B老闆也在內心誠實地承認自己的缺點，而且懂得反省；他選擇透過無言的訊息向員工道歉。

如上所述，A課長與B老闆雖然擁有「身為人的不足之處」，也就是會犯錯、有缺點，甚至給身旁的人帶來麻煩，但之所以沒有對職場的人際關係造成太大損害，想必就是因為他們**對於自己的過錯和缺點有自覺，更願意誠實地對身旁的人承認**。

聽我這麼說，各位讀者可能會感到疑惑：「人際關係真的能這麼輕易變好嗎？」

其實，要能做到對自己的過錯和缺點「有自覺」及「誠實地承認」，並不如口頭說的那麼簡單。

形式上的道歉並無法遮掩真心

光用「真的非常抱歉」這樣的言詞，或是說句「這都是我的疏失所造成」來認錯確實很簡單，而且其實世上充滿了這種「**形式上的道歉**」。

即使透過這種「形式上的道歉」來認錯，**我們心中的「小自我」往往還是會大喊「我沒有不好！」「我沒有錯！」「才不是我的問題！」**

比起「形式上的道歉」，我們身旁的人們更能透過無言的訊息，敏銳地感受到這種「小自我的吶喊」。

上述的A課長和B老闆雖然風格不同，但兩個人都在內心深處對自己的過錯和缺點有著自覺，同時也誠實地承認。這樣的態度就會透過「言語訊息」或「無言的訊息」傳達給周遭的人們。

換言之，就算我們因為自己的過錯或缺點，給身邊的人添了麻煩，只要能在心中抱有自覺，並且願意向對方承認，人際關係絕對不會走樣。光是能做到這一點，人際關係甚至可能漸漸變好。

這是因為**每當人際關係在工作或生活中出問題時，幾乎可以斬釘截鐵地說，原因出在彼此皆認為「都是對方的錯」及「自己沒有錯」**。

或許有讀者會想：「雖然知道要向對方承認自己的過錯和缺點，但我就是做不到，所以才為人際關係苦惱啊。如果原因出在內心的『小自我』，那麼究竟該怎麼處理它呢？」

針對這個問題，我會在第三個心靈技法說明。

另外有些讀者可能會抱著這樣的疑問：「你要我們承認過錯，可是當自己很明顯並沒有錯的時候，也應該要認錯嗎？」

這是一個很重要的疑問。而要解答這個問題，我們必須理解**名為「接受」的「心靈技法」**。關於這個技法，我也會在第三個心靈技法加以說明。

比「認錯」更高的層次，就是「感謝」

到這裡為止，我說明了第一個心靈技法，也就是「在心中承認自己的過錯」。

就算無法改正過錯或缺點，只要先承認過錯和缺點，我們在日常生活中的人際關係就絕對不會出問題。

但是以心靈技法而言，事實上還有一個超越「認錯」、更深奧的世界。

那是什麼呢？

讓我說一個小故事。

大學時期，我參加了某個文化類型的社團，社長是一位學長。

這位學長不愧是帶領幾十名成員的社團社長，領導能力十分出色，但另一方面，他卻有點任性，而且個性好強、不服輸。有時候他不聽朋友的勸，讓身邊的人覺得很頭痛，可是不知為何，從來沒有人說他的壞話。

有一次我和這位學長去喝酒，喝得有點多。這時他有點醉了似地對我說：「真是感謝啊。我這麼任性，大家卻還願意跟著我……」

聽見這番話的瞬間，我頓時明白了社團夥伴們認同其領導地位，而且儘管他有一些缺點，也不曾有人抱怨的原因。

因為他不光是對自己的過錯和缺點有自覺，並且願意承認它，對於接受他那些過錯和缺點的朋友們，更打從心底感謝。

這個故事也告訴了我們一件很重要的事。

光是能對身邊的人承認自己的過錯或缺點，人際關係就會慢慢好轉。

假如能夠超越這個層次，做到「**感謝身邊願意接受自己過錯或缺點的人**」，必定可以營造出美妙的人際關係。

俗話說「**感謝能治癒一切**」，這句話套用在人際關係上也是絕對的真理。

這就是我們從這個故事中學會的道理。

為什麼心中的「意念」能傳達給對方呢？

前述這位學長的故事還告訴我們另一件重要的事。

他並未經常用言語來表現對夥伴們的「感謝之意」，但這份「意念」卻能傳達給社團的夥伴們。

為什麼這份「意念」能夠超越言語，傳達給身旁的人們呢？

言語以外的訊息也能傳達意念

「認錯」不一定非得用「言語」來告訴身邊的人才行，只要在心中「認錯」，非常奇妙地，這份「意念」就會慢慢傳達給周遭的人們。

這是因為**在溝通當中，透過「言語訊息」傳達的其實只有兩成，而透過表情、眼神、肢體動作、態度和氛圍等「言語以外的訊息」所傳達的，則高達八成**。

因此，就算不用「言語訊息」來表達心中的意念，也會透過「言語以外的訊息」

自然地傳達給身邊的人們。

而我們心中那份「承認自己過錯的意念」，當然也不用透過言語訊息來表達，就能自然地傳達給周遭的人。

這就是我將「在心中承認自己的過錯」作為第一個技法來說明的原因。

順帶一提，我是在年輕時藉由工作上的經驗，感受到心中的意念能透過言語以外的訊息傳達給對方；正因如此，在會議或討論會當中，我有一個始終非常重視的心靈技法。

這個技法就是**參加會議或討論時，在心中對與會的每一個人說「謝謝」**。

我養成了一個習慣，例如為了生意而去拜訪某公司的A部長或B課長時，當走進那間公司的大樓，我就會在心中說：「A部長，謝謝您。B課長，謝謝您。」

另外，在公司裡開會，等待會議開始的那幾分鐘裡，我也習慣伸伸懶腰、閉上雙眼，在心中對每一位與會者道謝。

之所以養成這種習慣，是因為在準備談一場難以交涉的生意，或是可以預見內部會議將針鋒相對時，能讓自己在事前做好心理準備，並透過懷抱著「感謝的意念」，對與會者傳達正向的「言語以外的訊息」。

以往的我經常在這些場合中感到心煩意亂，這是我深深體會自己的不成熟之後，所學會的心靈技法。

儘管我們心中那份「認錯的意念」不靠言語來表達，也能自然而然地傳達給周遭的人們。不過，有時我們必須確實將這種意念傳達給對方。

這個時候應該怎麼辦才好呢？接下來我將繼續說明。

Chapter 3

第二個心靈技法——

主動開口，讓視線交會

為什麼「討喜」能挽救缺點？

我在第一個心靈技法中，提到「在心中承認自己的過錯」這個技法。

同時我也提到，**在人際關係裡，表情、眼神、動作、態度和氛圍等言語以外的訊息，其實能傳達的比言語更多**，因此光是在心裡認錯，這份意念也會傳達給對方，促進人際關係好轉。

假如已經與對方起衝突，雙方的心早就遠離彼此，那麼除了在心中認錯之外，若能直接傳達給對方，人際關係一定會更明顯地好轉。

不過，就算在心裡承認了自己的過錯，往往也很難立刻將這份意念傳達給才剛鬧翻的對象。這是因為我們心裡某處還有著不想認錯的情緒，或是擔心「就算我認了錯，也不知道對方會不會接受」的緣故。

那麼，我們應該怎麼辦才好呢？

這個時候，我希望各位能想起的就是第二個心靈技法：**主動開口，讓視線交會**。

主動與對方攀談，拉近彼此遠離的心

關於這點，我依然想用自己年輕時的經驗來說明。

這是在我三十歲剛脫離大學的研究生活，任職於民間企業時發生的事。

在公司內部開企劃會議時，有時針對企劃的方向或進行方式等，我和同事的想法會有出入。由於雙方都年輕氣盛、堅持己見，因此不免討論得太激昂，用詞也太偏激，最後甚至起了衝突。

每當發生衝突的會議結束後，我就不太想見到對方，而晚上走在回家路上，也會想起會議上的對話，內心被不愉快的感覺所占據。

隔天早上一起床，我還是會想起前一天會議上與同事的對話，產生一種自我厭惡的感覺，沉浸在不愉快的情緒裡好一陣子。

奇妙的是，我心中那願意承認過錯的**「討喜的心」**和**「柔軟的心」**便自然湧現，讓我不由自主地這麼想：「對啊，這位同事應該也有自己對這個計畫的想法，所以才會那樣說嘛。我應該更體諒他一點的……」

當我產生這樣的心情，願意承認自己的過錯時，內心自然而然繼續浮現：「好吧，今天在公司遇到這位同事時，我就主動和他說話，並為昨天的事向他道歉吧。」

當我下定決心來到公司後，看見對方從走廊的另一頭走過來。

朝我走來的他似乎覺得和我打照面有點尷尬。而我對昨天的事也還有些芥蒂，因此和他眼神交會，對我來說難免也有點不自在。

即使如此，當他走到我身旁時，就算無法直視他，我也從心中擠出一句話，對他說：「〇〇，昨天真抱歉，我說得有點太過分了……」

這個小故事顯示出我年輕時不成熟的個性，令人汗顏，不過像這樣**主動與對方攀談**，對當時的我而言，**正是一種「心靈修行」**。

人生在世，每個人一定都有過錯、缺點和不成熟。當這樣的人們相遇後，無論是在家庭、職場或學校，一定都會有起衝突、彼此的心互相遠離的時候。

尤其是職場這個大家都想盡力完成工作的地方，在這裡，彼此的心更容易產生不和與懷疑、反目與反彈，以及對立與衝突。

身為一個不成熟的人，我也嘗過各種人際關係的辛苦。

在年輕的日子裡，我累積了許多修行，學會修復變差的人際關係，以及如何將人際關係經營得更好。

讓雙方「僵硬的心」瞬間融化

在職場上因為意見不合而起了衝突，彼此的心遠離對方時，試著主動與對方說話，正是我年輕時的心靈修行。

「主動和對方說話」說起來簡單，可是剛開始其實非常難做到。當然，「承認自己的過錯」也不是件容易的事，不過就算睡了一覺，做好心理準備，「主動和對方說話」依然困難；正因如此，我才將稱它為「修行」。在這種時候從背後推我一把的，就是前述的恩師Y教授對我說過的**「你真是不討喜」**這句話。

每當猶豫要不要主動向對方攀談時，我的心裡一定會浮現這句話，於是便覺得「對啊，就是因為這樣，我才應該主動跟對方講話」。我在前面提到，這是一句「永遠在我心中迴盪的話」，每當在人際關係中遇到瓶頸時，這句話必定會在心中響起，有時是警鐘，有時則是鼓勵著我的鐘聲。

其實，教導我把「承認自己的過錯」與「主動道歉」視為心靈修行的原因，除了

Y教授的教誨之外，還有另一個教誨。

那是家母透過其背影傳達給我，讓我明白「柔軟的心」有多麼重要。

「柔軟的心」能緩和僵持的氣氛

我年輕時和母親常因意見不合而起衝突。

現在回頭想想，那完全是因為我不夠成熟，對辛苦將我養育成人的母親毫無感念之心的關係。而家母則因為深愛著兒子，所以看見我在做人處事方面有問題時，便會嚴加斥責。

每當我們起衝突時，「我無法接受！」的想法就會在心中形成一道漩渦；我甚至會帶著這股不愉快的情緒出門，過了一陣子之後，又打電話回家和她爭執。

當然，家母也是個有情緒的人，聽見兒子不合理或不講理的言論，不可能不生氣，心情也一定會受影響。

可是每當我們發生這種衝突之後，只要我打電話給母親，她開頭一定會說：「廣志，抱歉……」

家母是個有氣骨、有堅持及有智慧的人，對於兒子毫無道理的發言，她一定早就瞭若指掌。但接到我的電話時，縱使她並沒有錯，也會說「抱歉」，而每次聽見她這句含有深意的話，我總會覺得自己僵硬的心似乎開始慢慢融化了。

年輕時的我從這種態度學到了「柔軟的心」有多麼重要。所以，就算我們認為「自己沒有錯」，也能敞開心胸，主動向對方搭話，有時甚至能向對方道歉，這種「柔軟的心」會慢慢滲進對方的心中。

當然，我也不是立刻就學會這種「柔軟的心」，或是馬上就能實踐。

不過可以確定的是，母親的態度在我心裡深處種下了「柔軟的心」的種子，而這顆種子在日後冒出了嫩芽，並且逐漸成長。

我出社會後才明白母親的態度，正是一種**「即使自己沒有過錯，還是要當作自己也有錯而誠心地接納」的態度；這就是名為「接納」的心靈技法**。

關於這個技法，我將在接下來的第三個心靈技法中說明。

當我遇到人際關係的瓶頸、與別人起衝突，或是彼此的心漸行漸遠時，總是在我內心深處響起的，就是Y教授說過的「你呀，真是不討喜耶」，以及母親所說的「廣志，抱歉」。

Y教授與母親的話，總是在背後推我一把、鼓勵著我。多虧如此，這個不夠成熟的我，才能在爭執的各種情況下「主動開口搭話」。

只要有心和解，不刻意做表情也能傳達

然而，就算能自己主動搭話，一開始還是很不自然。即使開了口，也很難直視對方的眼睛。

當形容兩個人互相討厭或關係決裂時，有句常用的俗話是「連眼神都對不上」。正因如此，想要修復人際關係或使人際關係好轉，「主動直視對方的眼睛」便顯得更重要。

正如「眼神能傳達的不輸言語」這句話，就算沒有交談，光是透過視線交會，意外地對方也能明白我們心中的想法。

在第一個技法中，我提到人與人的溝通，有八成是藉由言語以外的訊息，也就是透過表情、眼神、肢體動作、態度和氛圍等訊息所傳達，其中又以視線交會能傳達的

最多。

在這個時候，最重要的就是「不要刻意做表情」。雖然我再三強調表情和眼神可以完成許多溝通，但我的意思絕非刻意做表情。更正確地說，**我們所應該做的並非「刻意做表情」，而是「導正心態」**。

也就是說，只要心中擁有「承認自己的過錯」與「願意向對方道歉」的意念，甚至是「想和對方和解」的意念，很自然地便會化為眼神及表情傳達給對方，絕對不需要刻意做表情。

起衝突正是加深彼此連結的好機會

那麼，當人際關係出問題時，若能在心中承認自己的過錯，主動向對方搭話，又主動直視對方的雙眼，接下來會發生什麼事呢？

那便會發生非常美好的事。

例如我前述的體驗。當起衝突的同事從走廊另一頭走過來時，雖然有點彆扭，但我還是這麼對他說：

「〇〇，昨天真抱歉，我說得有點太過分了……」

就在這一瞬間，奇妙的事情發生了。當我主動說話之後，便自然而然地能直視他的眼睛。接著，雖然有點躊躇，道歉的話語也隨之脫口而出。

當我做到了主動攀談和道歉之後，從來不曾有人對我說：「田坂，就是說嘛！問題都在你身上！」

從來沒有人這麼說過。反而幾乎每次都會得到這樣的回應：「不，田坂，我也說得太過分了……」

那真是一個美妙的瞬間。

這句話讓我們雙方僵硬的心開始融化，一種無法言喻的暖意在彼此之間流動，並留在我們心中。

透過職場上的人際關係，我體驗了好幾次這種感動的瞬間。同時，我得到了兩個關於人心的重要體認。

其一是**當自己做到主動攀談和道歉之後，幾乎每次對方也都會跟著承認自己的過錯，並表示歉意**。常言道「以人為鏡，可以明得失」，透過這個體驗，我明白了這句話確實無誤。

另一個體認則是，**彼此和解的瞬間，並非只是將人際關係「修復」成原本的狀態，而是雙方產生了連結更緊密的「深化」**。也就是說，只要處理方法得宜，那麼即使雙方的「小自我」互相衝撞，這個體驗也能成為加深彼此關係的好機會。

學到了這兩點之後，我也同時得到了走在人生旅途上的重要體悟。

從來不與他人衝撞的人生或是心沒有遠離過他人的人生，其實並不美好。

當與他人衝撞、雙方的心遠離彼此之後，又超越這個狀態，並產生更深的連結，才是真正美好的人生。

了解「自我厭惡」與「他人不安」

上一節提到，彼此的「小自我」互相衝撞的體驗，正是加深彼此關係的好機會。那麼，為什麼可以加深人際關係呢？

讓我們從人類「深層意識」作用的角度來思考吧。

當與別人意見相左、情緒衝撞、雙方的心遠離彼此時，對於對方的批評、指責、反感和厭惡等感情，都會出現在我們的「表層意識」中。

然而，出現在深層意識中的，是下列兩種感情：

第一，是對於自己的厭惡感（自我厭惡）。

第二，是對於他人的不安感（他人不安）。

比如說，當我們和別人起衝突時，面對對方的言語或態度，我們批評或指責的感情往往會以「為什麼他老是那樣說話？」或「為什麼他就是無法坦率地接納別人的意見？」等形式出現於表面。可是在內心深處，同時也會出現「為什麼我每次聽到他說的話，情緒就會上來呢？」或「啊，我的措辭應該考慮到他的心情才對啊……」這樣的反省，以及「自我厭惡」的感情。

這種時候，針對他人的「反感或厭惡的感情」，往往會以「我絕對不原諒他！」或「我再也不想見到他了！」等形式出現於表面。可是在內心深處，同時也會出現「他會不會在哪裡批評我呢？」或「他會不會對誰說我的壞話呢？」這種所謂「他人不安」的感情。

當我們在第三者面前嚴厲批判、指責或毒辣地說對方壞話時，通常會產生已經消氣的錯覺，但是過了一段時間之後，總會出現一種「不愉快的感覺」。事實上，這種不愉快的感覺，多是來自於深層意識中的「自我厭惡」與「他人不安」。

只要理解我們心中的深層意識，應該就能明白和他人起衝突、雙方的心遠離彼此之後，自己主動向對方搭話和道歉的重要性，以及其深意何在。

以某種角度而言，那也是能夠同時緩解與消除雙方心中的「自我厭惡」」與「他人不安」的努力。

換言之，自己主動先說「對不起」，我們便能超越「修復人際關係」的層次，進而緩解和消除自己內心深處的「自我厭惡」與「他人不安」。

在此同時，對方也比較容易說出「我才應該說對不起」這句話。透過這個行為，對方便也能緩解和消除他內心深處的「自我厭惡」與「他人不安」。

簡單地說，**當雙方起衝突時，對方在深層意識中也和我們一樣，因為「自我厭惡」想和對方道歉，也因為「他人不安」想和對方和解**。

正因如此，假如能做到「自己先坦然地道歉」，那麼雙方在內心深處緊密連結的程度，將超乎我們的想像。

伴隨著和解而來的接納感

以上就是彼此的「小自我」互相衝撞的體驗能加深關係的理由，不過，從人心在深層意識中的作用來看，其實還有另一個理由。

那就是雙方起衝突之後，**假如能互相敞開心胸，向對方道歉並和解，在深層意識中便會產生一種「接納感」**。換句話說，也就是知道對方願意接納自己的安心感。

因為人與人在產生衝撞之前，無論表面上構築了多麼良好的關係，內心深處仍然會因為擔心「當我的缺點出現時，對方是否能全盤接納我？」而感到不安。

可是就算彼此的「小自我」互相衝撞，彼此的心遠離、批評或責怪對方，甚至把心封閉起來，只要能歷經互相敞開心胸、道歉、和解的過程，那麼我們便會明白「對方就連我的缺點和不成熟都願意接納」，一股安心感也會在內心深處油然而生。

我們每個人都很清楚自己的缺點和不成熟，正因如此，內心深處才會暗自抱有「希望對方能認同、接納我這個人，而且是包括我的缺點和不成熟」的願望。

伴隨著互相衝撞後的和解而產生的「接納感」，就是讓彼此關係在更深層之處緊密連結的理由。

順帶一提，我們常聽到「家人之間堅定的羈絆」這類說法，其實最大的原因之一，就是上述提及的接納感。

家人就是長年住在同一個屋簷下共同生活，彼此毫不掩飾地展露出缺點和不成熟，也是「小自我」彼此衝撞的對象。

「最能認同和接納自己的缺點與不成熟的就是家人」，從這點來看，就會明白家是最能讓人感受到「接納感」的地方。

主動敞開心胸，卻遭到拒絕該怎麼辦？

各位讀者看到這裡或許會提出以下疑問：

「假如我主動敞開心胸，和起衝突的人搭話，可是對方卻不願敞開心胸，那該怎麼辦？」

世上本來就有各種不同的人際關係，並非所有人際關係都是「只要我先敞開心胸，對方就會敞開心胸」。在現實中，當然也可能出現無法如願的狀況。這種時候，也許反而是我們自己的心會受傷。

假如有讀者害怕遇到這種狀況，那麼我並不打算說「即使如此，各位還是應該敞開心胸」這種話。

但為了這些讀者，我想提出三個看法作為建議。

主動敞開心胸前的心理建設

第一，人心其實比我們所想像的還要柔軟。

正如前述故事，我在過往的人生經驗中，始終把「承認自己的過錯、敞開心胸，以及有時坦率地道歉」當作幫助自身成長的心靈修行，在各種場合裡實踐。而在我的實踐當中，對方不願意敞開心胸的例子其實屈指可數。

從這些經驗中，我學到的就是人心其實比我們所想像的還要柔軟。有些原以為已經惡化到無計可施的人際關係，因為自己打從心底主動說出的一句話而冰消凍解的例子，我親身體驗過許多次。

第二，自己敞開心胸後，獲得最大救贖的其實是自己的心。

如前所述，與人起衝突時，我們的表層意識雖然會出現批判和指責對方的心情，不過其實在深層意識裡，卻會產生「自我厭惡」和「他人不安」的感情，默默地折磨自己。

然而當我們願意敞開心胸，這種「自我厭惡」和「他人不安」的感情便會逐漸減弱，讓我們的心靈得到救贖。

第三，就算對方不願意敞開心胸，我們的心意還是能夠傳達給對方。

有些人的心牆非常堅硬，就算我們盡了最大的努力，對方依然不願意敞開心胸。然而，儘管對方表面上拒絕，事實上我們的心意已經確實傳達給對方了。而且，這同樣能緩和對方深層意識裡的「自我厭惡」和「他人不安」。

除了這三個建議之外，我還想告訴各位一件重要的事。

假使我們認為「反正對方不會敞開心胸」而不願意為和解做出努力，又會發生什麼事呢？

最壞的情況，就是即使我們什麼都沒做，雙方的關係依然會惡化。

人際關係逐漸惡化的真正原因

人心具有「自我正當化」與「自我防衛」這兩種性質。請讓我簡單地說明。

正如前述，當我們和他人起衝突時，在深層意識中，會產生「自我厭惡」和「他人不安」的情緒，因此默默地折磨著自己。

想讓「自我厭惡」和「他人不安」的情緒逐漸消失，最好的方法就是「與對方和解」，可是我們心中的「小自我」卻常常做出相反的事。

也就是說，為了消除這種「自我厭惡」的情緒，我們往往會更吹毛求疵地挑出對方的缺點或問題。這麼一來，內心就會告訴自己「噢，所以我批評和責備那個人是沒錯的」，下意識地試圖將自己的態度加以正當化。

心理學認為，會想閱讀新車簡介的人，其實是已經買了新車的人；而這些人是想藉由閱讀簡介，讓自己覺得「我的選擇沒錯」。就像這樣，人心具有試圖讓自己過去的選擇或行為「正當化」的傾向。

因此，和別人起衝突時，為了將自己的行為「正當化」，我們總會下意識地開始尋找對方的缺點或問題。

另外，**一旦在內心深處抱有**「對方會不會在哪裡批評我呢？」或「對方會不會向誰說我的壞話呢？」這種**「他人不安」的感情，我們的本能就會開始產生作用，進行「自我防衛」，因而變得更具批判性和攻擊性的傾向**。

這同時也是在人際關係逐漸惡化時出現的心理過程。我們必須深刻地理解：假如在心裡想著「反正對方不會敞開心胸」而不願意為和解付出努力，那麼最壞的狀況，就是人際關係將在這種心理過程中愈來愈惡化。

不過，這裡會出現一個疑問：

「我知道對方不敞開心胸時該如何應對了，但假如我自己根本不想認錯、不想敞開心胸或不想坦率地道歉，那又該怎麼辦呢？」

對於這個問題，倘若我回答「你們應該努力敞開心胸」，這種精神論式的答案是沒有意義的。要回答這個問題，必須針對心中的「小自我」進行更深入的思考。

就讓我們透過接下來的第三個技法來思考吧。

Chapter 4

第三個心靈技法——凝視心中的「小自我」

為何人們無法承認「自己的過錯」？

在日常生活的人際關係中，我們需要培養的第三個心靈技法就是：**凝視心中的「小自我」**。

在第一個技法裡，曾提到我們必須「在心中承認自己的過錯」，這是因為人心經常處於無法承認過錯的狀態中。而造成這種現象的原因，就是存在於你我心中的「小自我」。

為什麼我們無法承認自己的過錯？又為何說造成此現象的原因就是我們心中的「小自我」呢？

舉例來說，擔任小組長的A，在某個工作上出了紕漏。無論是誰都會認為他應該負責，當然A本身也很清楚。

但是當主管問起「為什麼會發生這種錯誤？」時，他卻無法坦承「是我沒有確認清楚」，反而不由自主地說：「我的確沒有確認清楚，可是身為組長實在公務繁忙，假如副組長B早點發現並告訴我，那就好了。」

副組長B從主管那裡得知後，便對A產生不信任感，表示不想再和他一起工作。從昨天開始，兩人在公司就完全沒對上眼。

這位A為什麼要把責任轉嫁到B身上呢？

A其實知道原因何在。假如他承認了過錯，那麼主管對他的評價就會降低，而他不想被當作沒有能力的人，而且這麼一來，他在同事面前會抬不起頭。另外，假如他承認自己必須為此負責，那麼也會失去自信，覺得自己毫無價值。

「小自我」讓人不想直視自己真實的模樣

又例如，C先生出席了社區自治會，當討論下次祭典如何舉辦時，與D先生意見相左。

一開始雙方只是溫和地討論，但因為D先生的一句話，使C先生覺得自尊心受到傷害，於是討論變得愈來愈激烈，甚至口不擇言。D先生也因此感到自尊心受損，情緒變得激動，最後兩人吵了起來。在其他與會成員的介入調停之下，他們才停止爭論，但C先生回家後依然氣憤難平，於是對家人表示「D講話很自以為是」、「他根本不懂祭典要做什麼」，而且「他一下子就變得情緒化」。

可是C先生在內心一隅也想著「為什麼我只因為一句話，就變得那麼激動呢」、「D先生說的其實也有幾分道理」及「我好像也說得太過火了」。可是他無法承認自己的過錯，因為想要顧面子，而且不願被D先生看扁，當然也不希望自治會的成員們對自己評價打折。

就像上述兩個例子，**我們之所以無法承認自己的過錯，大多時候都是因為心中的「小自我」在作怪。**

以A的例子來說，就是「不想讓主管對自己的評價降低」、「不想讓別人認為自己沒有能力」、「會在同事面前抬不起頭」、「會對自己失去信心」和「不想被人認為自己毫無價值」等想法。

而C先生則是「自己也有面子要顧」、「不想被D先生看扁」和「不希望自治會成員們對自己評價打折」等想法。

這些想法全是因為心中「小自我」的作用而產生，這個「小自我」總是在我們內心深處大喊：「我是對的！」「我沒有錯！」「我很優秀！」「我沒有缺點！」「我不想改變！」「我現在這樣就很好！」

這往往會讓人拒絕正視並承認自己的過錯、缺點與不成熟。一旦遇到非承認不可的狀況時，我們心中的「小自我」就會透過把責任轉嫁給他人，或找出他人的過錯、缺點與不成熟，試圖逃避直視自己在現實生活中的模樣。

「小自我」與「大自我」的無形戰爭

我們心中除了有「小自我」之外，還有所謂的「大自我」。**「大自我」與「小自我」相反，總是主張「希望能改變現在的自己，讓自己有所成長，而且想要成為一個比現在更成熟的人」**。

換言之，我們之所以無法承認自己的過錯，其實就是因為內心「小自我」吶喊「我是對的！」「我很優秀！」「我不想改變！」的聲音，戰勝了「大自我」。

相反地，我們之所以能坦率地承認過錯，則是因為「大自我」喊著「承認自己的不足，繼續成長吧！」「超越現在的不成熟，成為一個更成熟的人吧！」的聲音，戰勝了「小自我」。

「小自我」與「大自我」，總是在我們心中進行著無形的戰爭；而當我們從他人口中聽見「應該傾聽的刺耳批判」時，這場戰爭就會浮上檯面。

從姿態就能反應一個人的心

我們會如何接納及應對這些批判呢？

我們心中的「小自我」和「大自我」將會如實地展現出來。

例如我因為工作的關係，多年來見過許多經營階層，即使是到了某種年齡、留下優異業績的經營階層，心中也有「小自我」，而且有時也會與「大自我」進行無形的戰爭。

某位中小企業的老闆，一次聽見外人指出他身為經營階層的問題時，立刻以「才沒那種事」嚴正否定。看見他的情緒反彈，我可以理解那想必是一句逆耳的忠言，但遺憾的是，在那一瞬間，這位老闆的心其實被大喊著「我沒錯！」的「小自我」給占據了。

第二位老闆經營創投企業，同樣聽見外人指出他的問題，當時他雖然露出無法接受的表情，但心中隨即出現另一個人格，冷靜地說：「可能真的是這樣呢……」在被指出錯誤的瞬間，他心中的「小自我」雖然有所動靜，可是主張著「為了成長為更好的經營者，我還是先虛心接受這個意見吧」的「大自我」便立刻出現，擋在前方。

第三位大企業的老闆，在與經營幹部集訓時，特地要求全體幹部指出他的問題點。於是大家坦率而毫無忌憚地逐一陳述意見，儘管那位老闆最後苦笑著說：「哎呀，你們的意見還真是刺耳啊！我好像洗了一場冷水澡，我清醒了！」但仍正面地接納了這些意見。從他的表情可以看出，那並不是心中的「小自我」勉強裝出謙虛的模樣，而是希望自己能夠有所成長的「大自我」戰勝的模樣。

事實上，不止老闆或管理階層，無論是新進員工、學生、家庭主婦或老人，每個人心中都有「小自我」與「大自我」的無形戰爭。

正如上述三名老闆所展現的姿態，**順從心中「大自我」聲音行動的人，會展現出「謙虛」的樣貌，相反地，受到心中「小自我」聲音支配的人，則往往流露著「傲慢」的態度。**

擁有真正的自信才能展現謙虛態度

過去我曾與臨床心理學家河合隼雄先生進行對談，當時我們談到了「謙虛」的話題，而河合先生所說的話，至今仍留在我的心裡。

「人若是沒有真正的自信，便無法謙虛唷。」

聽見這句話，有些讀者第一時間可能會覺得「不是應該相反嗎？」「人不就是因為沒自信，所以才會謙虛嗎？」「一旦有了自信，人不是就會漸漸變得傲慢嗎？」

其實並非如此。正如河合先生所說的，假如沒有真正的自信，人就無法謙虛。

回顧我過去見過的各種人物，都符合河合先生所說的狀況。的確，一位謙虛的人，往往會有一種「冷靜的自信」從那溫和的人格中流露出來。不過這裡所說的謙虛，並不是表面上裝作「謙虛」的行為。

真正的謙虛，正是能夠坦然承認自己的過錯、缺點和不成熟，同時逐一克服，不斷成長的態度。

以上一節介紹的三位老闆為例，第三位老闆正是擁有「謙虛」這項特質的人物。相對地，第一位老闆則是因為沒有「真正的自信」，才無法謙虛地傾聽對方的意見。

說到這裡，讀者應該會提出這樣的疑問：「第一位老闆不是留下優異業績的經營階層嗎？既然如此，應該擁有真正的自信吧？」

「在競爭中勝出」得到的並非真正的自信

以第三者的角度來看，就算是事業有成的老闆，內心缺乏「真正的自信」的人絕不在少數。

為什麼呢？

因為第一位老闆試圖透過在「競爭」中勝出，來得到自信。

不過，真正的自信是無法藉由在競爭中贏過別人而獲得。

因為所謂的競爭，就是即使贏了一次，必定還會有下一次較量。因此就算在某次獲勝，能得到的不過就是那瞬間「暫時性的假自信」；真正存在於內心深處的，其實是擔心在下一場競爭中自己是否會落敗的「不安」。

舉例來說，某位老闆在激烈的市場競爭中率領公司前進，而他經常對員工說：「我不會輸！」看見他的模樣，反而會感受到這位老闆內心的「沒自信」與「不安」。可怕的是，這種心態也會傳達至員工的深層意識中。

事實上，**擁有真正的自信的人，根本不會把「我不會輸！」這種話掛在嘴邊**。因為他們不認為一個人的價值必須靠勝負來決定。

但是世上有不少人，總想藉由在競爭中勝出，來證明自己是一個「有價值的人」。然而不須我贅言，**在人生旅途中，身為一個人的價值與在競爭中的勝敗，是完全不同層次的東西**。當我們看見某些經營階層在市場競爭中獲勝，卻做出違反企業倫理的事，或是某些運動選手在運動場上獲勝，卻做出違反社會倫理的事時，應該就能明白這個道理。

謙虛或傲慢能分辨你是否有自信

當然，欠缺「真正的自信」的人，絕非只有經營階層。

放眼世上，我們可以看見某些人擁有優異的學歷，卻沒有「真正的自信」這種奇妙的現象。

他們就是擁有漂亮的學歷，也到達某個年紀，具有相當程度的社會地位，卻依然散發出一股傲慢態度的人。

正如河合隼雄先生所言，人若沒有真正的自信，便無法謙虛。

換句話說，人只要擁有真正的自信，自然就會展現出謙虛的態度。相反地，假如**一個人到達了某種年齡與社會地位，卻還流露著傲慢態度，那就表示他的內在其實並沒有「真正的自信」**。

那麼，為什麼擁有高學歷的人，內心卻沒有真正的自信呢？為什麼他不具備由「自信」帶來的「謙虛」呢？

或許可以說，因為在許多國家，其實是可以透過在「競爭」中勝出，來得到「高學歷」。

在這些國家，學歷是一種透過激烈的考試競爭勝出後，才能得到的東西，因此，無論持續在這場競爭取得多少勝利，仍舊會扯進更上位的競爭，被關在不停與別人比較的世界裡。所以這些人的心中總是充滿著「變成失敗者的不安」，永遠無法獲得真正的自信。

一旦考試勝出，進入知名大學就讀，在學校裡依然有成績競爭。假如是通過成績競爭，進入公家機關任職，也會遇到公家機關之間的排序競爭。就算在主要的公家機關任職，內部依然有升遷的競爭。

總之，只要還留在競爭的世界裡，認為只有勝出才代表自己的價值，那麼即使嘗過落敗的「不安」與「自卑感」，也絕對無法擁有真正的自信與謙虛。這樣一來，有著漂亮的學歷或經歷，但在內心深處偷偷抱著自卑感，同時對身邊的人展現出「下意識的傲慢」，就會成為一名讓人心遠離的奇妙人物。

那麼，我們該如何擁有真正的自信呢？討論這點之前，下一節請容我先說一件重要的事。

假如不是真的堅強，便無法感謝他人

前面提到，河合先生曾說：「人若是沒有真正的自信，便無法謙虛唷。」而在這之後，他又接著說了一句同樣令我印象深刻的話。

「人啊，如果不是真的堅強，就無法感謝別人呢。」

這句話一點都沒錯。

如果只是「言語」的感謝，任誰都做得到。大家每天都在做。對著一個幫了自己忙的人說「謝謝」的景象，在世上隨處可見。可是在這些言語背後，是否真的具有感謝的心情呢？事實上，大多只是反射動作般的禮儀罷了。

假如**對方並不在眼前，但我們仍然可以獨自在心中對他表示感謝，這便是真正的感謝**。

例如，在漫長的婚姻生活中，每個人或多或少都會對另一半抱有不滿，像是「真希望他那麼做」或「要是他能這樣就好了」的想法。但是，假如能在下班後一個人回家的路上，在心中對另一半說：「啊，謝謝你總是支持我。」這就是真正的感謝，也就是河合先生所說的「堅強的內心」。

的確，當我們的內心不夠堅強，或是愈來愈孱弱的時候，就會只有「我想要你這麼做」和「你為什麼不替我這樣做呢？」等要求或不滿，而無法感謝對方。

據說某個小企業的老闆早上起床時，總是會在心中回想全體員工的面容，逐一對他們說：「A先生，謝謝你。B先生，謝謝你……」對他們抱著感恩的心。這位老闆想必擁有堅強的心吧。

確實，當經營遇到瓶頸或職場氣氛變差時，一早醒來的瞬間，任誰都會想到員工，並在心中咕噥著：「A先生為什麼會這樣呢？」「真希望B先生可以更〇〇一點。」可是當這種想法浮現腦海時，如果能夠暫時拋開，即使只有幾十秒也好，在心中對每一位員工表達感謝、抱著感恩的意念，就等於擁有了堅強的心。

人心是很奇妙的。只要在心中表達感謝，幾十秒過去後，如果再回頭思考員工的問題，這時的心境絕對會和早上醒來時截然不同。

不止小企業的老闆，對小型職場的經理或小組織裡的組長等來說也都相同。

在日本有句話流傳已久，「欲為千人之首，須能對千人垂首。」這句話是在提醒「大企業的老闆」和「大組織的負責人」必須進行同樣的感謝行動。

這句格言裡使用了兩次「首」字，相當具有深意，只要是擔任領導者的人都應該將其銘記在心。

如何獲得真正的自信和堅強？

讀到這裡，各位讀者應該會開始思考，「假如沒有真正的自信就無法謙虛，那麼我們究竟該如何獲得真正的自信呢？」同樣地，「假如沒有真正的堅強就無法感謝，又該如何獲得真正的堅強呢？」

這個問題無法用三言兩語回答，但我想先提出一個重點。

那就是將這句話反過來說，也會是事實。

換言之，**人只要持續進行「謙虛」的修行，自然而然就能擁有真正的自信。而持續進行「感謝」的修行，也能擁有真正的堅強。**

例如，在平常的生活或工作中持續實踐謙虛的表現之一，即「承認自己的過錯」，那麼就能得到「沉靜的自信」。

另外，無論是在經營遇到瓶頸或職場氣氛不佳時，都能持續做到起床就在心中逐一感謝每位員工，那麼自然能得到「沉靜的堅強」。

其實，有一個優異而深奧的修行，也就是心靈技法，能夠讓我們同時做到這兩種修行。

到底那是什麼樣的修行，又是什麼樣的心靈技法呢？

請容我再次介紹年輕時的一個小故事。這是我從主管身上學到的重要道理。

真正的堅強就是能夠「承擔」

這件事發生在我剛進入某企業任職的時候。

一次，某位主管約我吃飯。我們在餐廳快樂地用餐，正當喝餐後咖啡時，那位穩重的主管突然像是自言自語般地說：

「每天在公司面對各種問題，實在很累人。我有時候會認為問題出在公司的方針，有時則認為是身旁某個人的責任而感到生氣，可是回家後，一個人靜下來想想，卻總是導出同一個結論。我發現……所有的問題都是出在自己身上。」

聽到這番話時，我本來以為主管是在吐苦水，但當我深夜獨自走在回家路上，這段話忽然浮現在心頭。

於是我才發現，原來那位主管是透過自言自語的方式，教導我這個不成熟的年輕人一個重要的道理——承擔。

把一切都視為自己的責任，在心中承擔。

當時我為了專案的問題勞心勞力，對於周遭盡是不滿，卻無處發洩；而這位主管委婉地告訴我這個態度的重要性。

在人生中所面臨的問題，以現實而言，有時確實是別人的責任。以法律來說，更是會明確地釐清責任歸屬。

不過即使處於這種狀況，依然在心中自問「我是否也有責任？」「有些問題是不是該歸咎於我？」這種態度就是所謂的承擔。

要以承擔的心態來處世，的確不容易。

假如我們抱持這種態度來處理人生的問題，那麼無論在工作上，或者身為一個人，必定都能有所成長。

相反地，當我們的成長遇到瓶頸時，就無法做到「承擔」這點。

進一步的成長：沉靜的堅強與沉靜的自信

在工作或生活上遇到問題時，我們總習慣從自己以外的某個人或某樣東西身上找出原因。

正如前述，存在於這種態度背後的，其實就是我們心中的「小自我」。它會不斷在我們內心深處大喊「我沒有不好！」「不是我的錯！」

然而走在人生旅途上，假如我們能重視承擔的態度，那麼不但能將所有問題化為成長的養分，未來更會發現自己不知不覺習得沉靜的堅強與沉靜的自信。

這並非透過贏了某個人或在競爭中勝出，所得到的暫時性的假堅強與假自信，而是應該在人生中學會的「真正的堅強」與「真正的自信」。

當時那位穩重的主管所散發的氣質，就是「沉靜的堅強」與「沉靜的自信」。

假如我們能將「承擔」當作心靈技法來學習，等於**「連不是自己的過錯，都能當作自己的過錯來承認」**，那便是「在心中承認自己的過錯」這個心靈技法最高層次的展現。

到目前為止，我已經說明了三個心靈技法：「在心中承認自己的過錯」、「主動開口，讓視線交會」，以及「凝視心中的『小自我』」。

在工作或生活上與人產生不信任、不睦、反目、反彈、對立或衝突，這些心靈技法都能幫助我們將人際關係轉往好的方向。

各位讀者也許會提出疑問：「這些道理我都懂，但是在人生當中，難免會遇到一些無論如何都沒辦法喜歡的人。這種『情緒問題』不是無解嗎？」

不過，沒辦法喜歡某個人，真的是情緒問題嗎？接下來就讓我們針對這一點來思考吧。

Chapter 5

第四個心靈技法——試著喜歡對方

我們有可能喜歡「討厭的人」嗎？

「人生中難免會遇到一些無論如何都沒辦法喜歡的人，這種『情緒問題』乃是無可厚非。」

我們經常可以聽到這樣的說法。然而，沒辦法喜歡某個人，真的是情緒問題嗎？的確，喜歡一個討厭的人並不容易，但我們卻能做到「試著喜歡」討厭的人。

因此，我的第四個心靈技法就是：**試著喜歡對方**。

為了說明這個技法的意義，請容我再介紹一個小故事。

這也是我以新進員工之姿任職於某企業，剛開始起步時的小故事。

我在四月一日到職儀式結束後，就到東京都接受了為期一週的新進員工訓練。訓練結束時，人事部長對全體新進員工做出訓示。

當時人事部長所說的話，直到現在都還留在我的心裡。

「你們從明天開始，就會被分配到本公司的各個部門。在這裡我要給你們一個建議。**當你們抵達新部門之後，第一件事就是先環視整個單位。接著找出其中你最不可能喜歡的人，找到這個人之後，就試著去喜歡他。」**

聽到這番話的當下，我還懷疑自己的耳朵。

我認為「去喜歡一個自己最不可能喜歡的人」是無理的要求。因為人的好惡攸關情緒，沒有辦法靠意志去決定，不是嗎？

這就是我聽完這位人事部長訓示之後的第一個想法。

好惡是可以藉由努力被扭轉

但是當我被分派到所屬部門，開始工作之後，便漸漸了解他的意思。因為在我的部門裡，主管和前輩們有時也會對我說：「你必須去喜歡別人。」

的確，倘若在公司被分配到某個部門，或者參加一個小組，首先就是喜歡那個部門或小組的成員。事實上，這件事並沒有口頭上說的那麼簡單，但是假如我們想在這個部門或小組裡做好工作，就必須有這樣的心理準備。

在企業裡工作，倘若能持續努力地做到「喜歡別人」，漸漸地，我們便自然能體

會好惡這件事並非難以改變的情緒問題，而是靠著努力就能改變的意志問題。

世上有些人總是輕易說出「討厭的東西就是討厭」這種話，然而遺憾的是，這樣實在稱不上是一種成熟的精神。

事實上，我不否認世上有某些人，是無論我們多麼努力都沒有辦法喜歡上，但「討厭的東西就是討厭」這句話，至少也應該在你努力「試著喜歡」之後，才能讓它從心底浮現。

身為一個不成熟的人，我回顧自己的人生，發現有好幾次的經驗是，初次見面時雖然覺得沒辦法喜歡這個人，可是多年並肩而行之後，卻奇妙地與對方結下了深深的緣分。

而回頭一看，無庸置疑地，這些前進的軌跡也是自己成長與成熟的軌跡。

正因如此，我才會強調「試著喜歡對方」這件事，就是在處理人際關係時非常重要的心靈技法。

那麼，假設我們已經試著喜歡對方了，接著又應該如何有意識地去喜歡一個「無法喜歡的人」呢？

世上並沒有什麼簡單的方法，能讓我們喜歡一個「討厭的人」，不過卻有幾個**「看人的觀點」**可以作為參考。

接下來，我將為各位說明這「五個觀點」。

人本來就沒有「缺點」，只有「個性」

關於看人的第一個觀點是「人本來就沒有缺點，只有個性」。

我們為什麼會討厭別人呢？

我們經常在沒辦法喜歡某個人的時候，說出「我討厭他的那個缺點」或「我無法忍受她的那個缺點」這種話，可是所謂的「缺點」究竟是什麼呢？

從科學角度來看人們的優缺點

在科學領域中有兩個非常有趣的詞彙，正好可以展現出它的意義，那就是「發酵」和「腐敗」。

假若我們明白了這兩個詞彙的科學定義後，想必任誰都會訝異其「非科學的定義」吧。

例如，讓牛乳「發酵」就能做出「優格」，可是牛乳「腐敗」就會變成「腐敗的牛乳」。

那麼，發酵和腐敗的差別究竟是什麼呢？

科學教科書裡是這麼寫的，發酵和腐敗都是微生物分解有機物的性質。其中對人類有益的稱為「發酵」，對人類有害的稱為「腐敗」。

看了這段定義，讀者們是不是很驚訝它超越了科學的客觀性，是個「以人類為中心」的主觀定義呢？

各位應該可以發現，在發酵和腐敗的定義中，以人類為中心的觀點，其實**非常類似當我們討論人的「優點」和「缺點」時，「以自我為中心」的觀點吧**。

換言之，討論發酵與腐敗的定義時，我們會將對人類有益的東西稱為「發酵」，而對人類有害的東西稱為「腐敗」；同樣地，討論優點和缺點的定義時，也會把對自己有好處的東西稱為「優點」，對自己沒好處的東西則被稱為「缺點」。

假設針對某個人的個性，去詢問他周遭的人有什麼看法，可能會得到完全相反的評價。

「他的個性很溫和，和他在一起心情會很平靜。」

「他有時很溫吞，每次拜託他急件都會很焦慮呢。」

即使換了一個人，同樣也可能會得到完全相反的評價。

「她處理事情非常俐落，和她一起工作很愉快。」

「她的個性很急躁，和她在一起時，總覺得永遠沒辦法放鬆呢。」

如上所述，**隨著立場及狀況的不同，一個人的個性有時會被看作是優點，有時也可能變成缺點**。

如此一來，我們便能明白，其實世上的人們本來就沒有所謂的優點和缺點存在。**存在的只有那個人的「個性」**。

當這個人的個性是以對自己或周遭的人有好處的形式發揮時，我們就會稱它為「優點」；若是以有壞處的形式發揮時，我們就會稱它為「缺點」。

當我們對某個人抱有「我討厭他的那個缺點」或「我無法忍受她的那個缺點」等想法時，就應該想起這其中的定義才是。

我們討厭的人其實和自己很像

第二個觀點是「討厭的人其實和自己很像」。

聽我這麼說，也許有些讀者會感到訝異，然而這句話乃是千真萬確。

例如，父女之間經常會產生意見上的衝突。仔細觀察這個狀況，我們會發現大部分原因在於女兒遺傳了父親的個性。

大家常說因為遺傳的關係，女兒的個性會像父親，兒子的個性會像母親；而父女之所以經常產生衝突，正是因為彼此個性相像的關係。

此外，在公司裡有時會聽見以下這類對話。當兩位課長在會議上意見相左，因而發表有點動氣的爭論，與會者在會後這麼說著：

「為什麼A課長會如此反對B課長的意見呢？感覺已經是為反對而反對了。」

「可能是因為A課長討厭B課長吧。」

「你為什麼會這麼覺得？」

「因為A課長和B課長兩人的個性很像啊。」

「原來如此。果然是這樣啊。」

那麼，為什麼會出現「討厭像自己的人」或「討厭的人其實很像自己」這種現象？

自我嫌惡導致我們討厭擁有相同缺點的人

這是因為每個人都會討厭自己的某些部分，而人們通常「看見別人展現出令自己厭惡的相同部分時，就會更加討厭這個人」。因此，只要觀察討厭的人讓自己厭惡的地方，就會發現那其實和對自己內在厭惡的部分相同。換言之，也就是對方其實很像自己。

倘若用比較艱澀的文字來表達，那就是「**對他人的嫌惡情感，往往是自我嫌惡的投影**」。

的確，當我們被指出連自己都討厭的缺點時，總是不願意承認，所以容易產生情緒化的反彈；而當我們看見對方出現同樣的缺點時，由於不想看見它，於是就變得更討厭對方。

尤其是在對方身上發現我們壓抑在內心深處的「自己的缺點」時，我們甚至連那是自我嫌惡的投影都渾然不知，只會感到厭惡對方。

明白了人類心理的微妙之處後，當我們在人生中遇見「無法喜歡的人」或「討厭的人」時，可以試著想想對方的缺點是不是在自己身上也能看見。

常言道「別人的模樣，就是自己內心的鏡子」，正好說出了人類心理的微妙。

明白了這個道理之後，我們還必須理解另一個重要的道理：**假使不原諒自己的缺點，就無法原諒擁有相同缺點的他人。**

所謂原諒自己的缺點，其實是牽涉深層意識的艱難課題。想做到這一點雖然不容易，但我們必須理解這微妙的心理機制。古人說：「**無法愛自己的人，也無法愛他人。**」亦是點出這種微妙心理的名言。

與對方有「同感」，就能喜歡對方

第三個觀點是「所謂的同感，就是能把對方當成自己」。

為什麼這一點很重要呢？

因為想要做到喜歡對方，最佳的途徑就是與對方有同感。

不過，世上有許多人將「同感」與「贊同」混淆。

例如，「我對A先生的意見很有同感」或「我對B先生的想法很有同感呢」。事實上，單純贊同對方的意見或想法，與和對方有同感完全是兩碼子事。此外，**贊同對方的意見或想法，也並不表示喜歡對方**。

另外，世上也有許多人將「同感」與「同情」混淆。

同情這個詞彙，會讓人感受到雙方之間有著「心理上的距離」，而且隱含著上對下的態度，同感這個詞彙則非如此。為什麼呢？

因為所謂的同感，是把對方當成自己。

假設有A和B兩位主任，他們都為了指導屬下而費盡心力，分別懇切地指導年輕員工C和D直到深夜。可是C和D的學習能力實在太差了，使得他們在指導時耗費大量的時間和精神。

當我們詢問面帶倦容的兩人：「你為什麼要那麼努力地指導屬下呢？」

A主任回答：「因為我每次看見C，就覺得他很可憐嘛。要是沒人指導他，他就永遠都這麼不成材了。」

B主任則說：「D的學習能力確實有點差，指導他很辛苦。可是每當看著他，我都會想起剛進公司時的自己呢。年輕時的我，學習能力也不強啊，可是我的前輩和主管卻很有耐心地指導我，所以我也告訴自己必須努力才行。」

A主任努力指導屬下的態度確實可敬，可是他對C抱有一股莫名的「同情」。相反地，B主任對D的態度就是「同感」；看見D就想到年輕時的自己，這份同感正是B主任的動力。

無論「贊同」、「同情」或「同感」，固然都是正面的感情，但由於同感是把對方當作自己，因此相較於另外兩種情緒，更能夠讓雙方的心建立較深層的關係。

所以，我們在人生當中遇見「無法喜歡的人」或「討厭的人」時，假使能夠與對方抱有同感，那麼應該就能更喜歡對方了。

例如，看見某個人展現出來的不成熟而感到厭惡時，倘若我們可以先跳脫這種情緒，**去理解「對方也因為自己不夠成熟而苦惱著」，並回想起「我自己也曾經因為不夠成熟而苦惱」，相信必定可以降低對這個人的負面感情。**

與對方的心面對面，關係就會變好

第四個觀點是「與對方的心面對面，關係就會變好」。

這裡提到的「面對面」，意思是「用心與對方正面相對」。

為什麼必須面對面呢？

因為當人際關係出問題時，大多數的狀況是，我們在內心深處並不會與對方面對面，而只是從「側面」看著對方而已。

舉例來說，用「他就是那樣啊」、「反正說了，他也聽不懂」或「他已經沒救了」等冷嘲熱諷的心態來看著對方。

如果我們一直用這樣的眼神看著對方，對方就會經由無聲的訊息，敏銳地感受到，於是對方也會從「側面」看著我們。更有甚者，還會避免和我們面對面，把心封閉起來。

另外，在家庭裡的人際關係也經常可見「無法與對方面對面」的情形。聽我這麼說，或許有些讀者會感到意外吧，但的確是如此。

為什麼親子或夫妻之間，沒有辦法互相面對面呢？

那是因為**彼此都抱有毫無根據的自以為是**。

「我非常了解孩子。」

「我每天都和老爸見面，所以很了解他。」

「因為是夫妻，所以我比誰都了解我老婆。」

「就連我先生的小毛病，我都一清二楚。」

原因就在於這些「自以為是」。

事實上，不論是親子或夫妻，彼此皆為獨立的個體。不管在一起的時間有多長，雙方也不一定能夠了解彼此的內心深處。

即使如此，我們仍會以為自己全都了解，並用自以為是的態度來看著對方，所以才會產生無法與對方面對面的狀況。

因此，不論是親子或夫妻，一旦家庭裡的人際關係出現問題時，當務之急就是拋棄「我很了解對方」這種自以為是的想法，把對方當成獨立的個體看待，用心與對方面對面，並側耳傾聽對方的心聲。只要這麼做，一定就會有什麼開始改變。

不管是家庭、職場或朋友之間的人際關係，**假如能夠與對方的心面對面，用心與對方正面相對，那麼無論多麼惡化的人際關係都會出現變化**。有時，甚至連已經惡化的人際關係也會不可思議地開始好轉。

因為所謂的「與對方面對面」，就是**把對方當成獨立的個體，帶著敬意與對方接觸**。我們心中的這份敬意，便會化為無言的訊息傳達給對方。

試圖喜歡對方，就是最美好的禮物

第五個觀點是「試圖喜歡對方，就是最美好的禮物」。

通常大家都認為「人們喜好的是自己喜歡的人」。

的確，在一般人際關係中，這句話並沒有錯。要做到「喜歡一個不喜歡的人」並不簡單。

可是，試圖去喜歡一個不喜歡的人，絕對不是難事。

為此，我們必須實踐一個心靈技法，就是**注視著對方的「孤獨」和「寂寞」**。

換句話說，就是去注視大家都會有的孤獨和寂寞，去理解對方心中也有同樣感受，並虛心地注視著對方。

在人生中，我們每個人都是獨自誕生、獨自離去。

因此，在這段旅途中，不管我們擁有多麼美妙的家人和朋友，內心深處仍然抱有孤獨與寂寞。

正因為這種孤獨和寂寞，我們渴望被愛，希望受人喜歡。

我們希望能夠遇到一個人，願意無條件接受這個有缺點和不成熟的自己。

假如我們理解這一點，願意用深切的眼神來注視對方，即使不能馬上喜歡對方，至少「試著喜歡對方」的想法會浮上心頭。

我曾經看過某部電影，其中有一幕是主角對著另一個人大喊：「我討厭你！最討厭了！可是我想要喜歡你！我想要喜歡你啊！」

這句話一直留在我心中。這種想要喜歡對方的心，一定會深深地傳達給對方。

因為只要我們試著喜歡對方，就是一份給對方的體貼，也是最美好的禮物。

Chapter 6

第五個心靈技法——了解言語的可畏，善用言語的力量

「嫌惡的言語」會帶來「嫌惡的情緒」

在第四個技法中，我提到「試著喜歡對方」這件事的重要性。但具體而言，我們到底該怎麼做才能喜歡對方呢？

這就是本章要談論的第五個技法：**了解言語的可畏，善用言語的力量**。

上述這句話的意思是，當我們誤用了言語，就會愈來愈討厭本來就不喜歡的人。相反地，如果能夠善用言語的力量，就算是討厭的人，也會漸漸變得喜歡。

可是這種事情為什麼會發生呢？

那是因為**嫌惡的言語會帶來「嫌惡」且強化它，而帶有好感的言語則會帶來「好感」且強化它**。

言語本身就是如此不可思議。

人類的身心乃是互為表裡

在心理學領域經常可以聽見這樣的格言：「人並不是因為高興而笑，是因為笑而變得高興。」

這是現代心理學認同的一個事實。也就是說，人類的心（心理的狀態）與身（身體的行為）其實互為表裡，人類除了具有「心動→身動」的本質，同時也有「身動→心動」的本質。

假設某人表示：「我要說一件對你的人生具有重大意義的事情，請你整理好心情注意聽。」

這時，相信每個人都會自然地先調整身體的姿勢，例如打直背脊、將雙手放在前方十指交錯、在椅子上坐正等；透過調整身體的姿勢來整理「心的姿勢」。

因為根據以往的經驗，我們知道只要調整好「身」，「心」就會跟著調整好。

此外，在宗教界，道元提出的「只管打坐」，正如字面所象徵的「只要坐著就好」，意指透過坐禪這個身體的行為，試圖讓心理的狀態能進入禪定。

這也是因為他深知，想要使人的心達到某種狀態時，比起直接從「心」行動，倒不如先從「身」開始，這才是改變心的狀態最有效的技法。

許多宗教之所以十分重視透過身體或言語進行的修行，就是這個道理。

人的心和身互為表裡，這個道理不止在心理學界受到認可，哲學界的梅洛龐蒂（Maurice Merleau-Ponty）所提出的「身體性」思想，正是宗教界所謂的「身心一如」。

其實在言語與心的關係上，就如同身和心的關係。

換言之，人類除了有「心動↓說話」的本質，也具有「說話↓心動」的本質。仿照上述格言，便可套用如下：

人並不是因為討厭對方才說出帶有嫌惡的言語，而是因為說出帶有嫌惡的言語才變得討厭對方。

人並不是因為喜歡對方才說出帶有好感的言語，而是因為說出帶有好感的言語才變得喜歡對方。

為什麼在言語和心的關係上，也能看見同樣的現象呢？為什麼當我們說出帶有嫌惡的言語之後，就會討厭對方，而說出帶有好感的言語之後，就會變得喜歡對方呢？

接下來的篇章中，我將提出三個理由，說明其中的奧祕。

言語會透過「身體」對「心」產生影響

言語會影響心靈的第一個理由是，因為言語本來就是「身體性」的。

言語是透過「口」、「舌」，有時還包括「丹田」等身體部位的動作而被表達出來，所以，言語所具有的身體性質，事實上遠比我們想像的多。

舉一個淺顯的例子，運動選手在競賽中遇到危機或好機會時，總會在丹田用力，大聲地對自己喊「加油！」就是要透過口、舌、丹田等身體部位，向「快要輸給壓力的自己」或「快要變得軟弱的自己」的心喊話。

這並不是因為心裡湧現「加油」的情緒，才透過言語表達出來，而是透過言語來影響心。

如上所述，我們可以透過言語，使「心」達到某種狀態，所以也會因為說出「帶有嫌惡的言語」而產生「嫌惡」的情緒。

我們內心深處總是喜歡「唱反調」

第二個理由是，言語能影響我們的深層意識，具有改變「心」的狀態之力量。這就是一般所謂的「自我暗示效果」，其乃是一種心理過程，藉由不斷重複同樣的言語，意念就會逐漸浸透內心深處。有意識而主動地利用這種心理過程，就是自我暗示的技法。

例如，在運動競賽挑戰目標時，只要反覆暗示自己「我做得到」，就能使我們內心堅強、不畏壓力，同時堅定地相信自己的力量。許多人經常倡導這種心靈技法。

上述例子是藉由不斷對自己說「我做得到」的正向言語，讓正向意念浸透內心；相反地，假如不斷對自己灌輸負面言語，心中就會充滿負面意念。

換言之，倘若我們持續說出「帶有嫌惡的言語」，這些言語中的意念就會逐漸浸透內心深處，使得我們愈來愈討厭對方。

不過，當我如此敘述自我暗示效果時，相信許多讀者都有以下印象吧：

「所謂的自我暗示效果確實時有所聞，但實際上不管對自己說幾次『我做得到』，我也不覺得它浸透了我的內心啊。」

這是因為，透過反覆說出同一句話，讓意念浸透自己的內心這件事，並不如相關指導書籍上講得那麼簡單。

為什麼沒那麼簡單呢？

說得直接一點，那是因為我們的深層意識老是喜歡「唱反調」。

如何發揮自我暗示的效用？

當我們的表層意識想到「讓這個意念浸透深層意識吧」的瞬間，深層意識往往就會朝反方向行動。

假設我們在心裡想著「讓『我做得到』這個意念浸透深層意識吧」，並不斷在表層意識重複「我做得到」這句話，會發生什麼事呢？

事實上，與其相反的意念，像是「我是不是做不到」或「萬一失敗該怎麼辦」等意念，就會在深層意識裡逐漸累積。

如果在考試前一天，我們對身旁的人說：「我一定會通過明天的考試！」那麼內心深處就會出現「萬一沒考過怎麼辦」的心情。

相信每個人都有這種經驗吧。由此可知，人的深層意識具有「唱反調」的特質。

所以，如果想要真正學會自我暗示的技法，就必須透澈理解深層意識的特質。

那麼到底在什麼情況下，我們的意念才能浸透深層意識呢？

這個問題必須反過來回答：**當表層意識並未意圖「使意念浸透」時，意念就會浸透深層意識了**。

也就是說，當表層意識不去想「我要讓這份意念浸透深層意識」和「我該怎麼讓這份意念浸透深層意識呢」的時候，意念反而才會浸透深層意識。

正因如此，我們每天不經意使用的言語，才會成為一種意念，並且浸透深層意識之中。

要是我們每天都把「唉，又來了」或「果然失敗了啊」等否定的言詞掛在嘴邊，那麼這份意念就會確實地逐漸浸透深層意識。

同樣地，正因為我們並沒有想讓自己對某個人的情緒性批判、指責，或者關於對方的壞話浸透深層意識，所以才會產生自我暗示效果，而這些話中的意念也會浸透內心深處。

這就是上述「一旦說出帶有嫌惡的言語，就會變得討厭對方」的心理過程產生的原因。

在深層意識中產生的「自我厭惡」與「他人不安」

第三個理由是，人的心中具有「自我厭惡」與「他人不安」的心理過程。

關於這點，我在第二個心靈技法中已經說明。

當我們在第三者面前，針對某人說出嫌惡的言語、情緒性的批判、責難或壞話時，內心深處就會出現對於自己的厭惡感（自我厭惡），以及對於他人的不安感（他人不安）。

如果這麼做的話，表面上會有種似乎已經消氣的錯覺，事實上，在內心深處會對「忍不住情緒激動的自己」與「在背地裡批判、責難別人的自己」產生「自我厭惡」的情緒。

我高中時，有一次和幾位同學相聚聊天，忽然間話題變成批評某個不在場的同學。當時有位同學突然說出：「喂，他不在場耶。」因而打住了這個話題。

那一瞬間，在場的同學們（當然也包括我），全都嘗到了一股羞愧的感覺。其實就是因為上述心理過程，出現在我們的內心之中。

此外，倘若在第三者面前情緒化地說某個人的壞話，我們的內心深處必然會出現「那個人會不會也在某個地方或對別人說我的壞話啊」等「他人不安」的情緒。

在上述情況中，**我們之所以會感受到一股不愉快的感覺，大多是因為深層意識裡出現的「自我厭惡」與「他人不安」**。

而接下來又會發生什麼事情呢？

正如我在第二個技法中所說的，我們的心中會發生以下兩件事。

情緒性的批判會更突顯對方的缺點

首先，如果情緒性地批判一個討厭的人，那麼對方的缺點就會變得更明顯。

如前所述，當我們帶著情緒去批判一個討厭的人時，內心深處會對「不小心變得情緒化的自己」產生「自我厭惡」的情緒。

我們的深層意識會試圖逃離這個「自我厭惡」的情緒，同時往往會開始尋找對方的過錯或缺點。

我們會下意識地試圖透過這種方法，告訴自己「我批評那個人沒有錯」，將自己的行為正當化。

假設有個經理在工作夥伴面前，情緒化地罵了某個屬下。這時，他的內心深處會出現對於這件事的自我厭惡，以及想讓自己正當化的心情，於是試圖找出那位屬下更多的缺點或問題。

那麼我們應該怎麼做才好呢？

可以的話，當我們情緒化地批判某人時，必須在內心進行三個內省。

第一，**必須留意到自己的內心深處正在產生「不原諒自己的想法」和「自我厭惡的情緒」**。

第二，**必須凝視著試圖將批判他人的自己正當化的「小自我」**。

第三，**必須注意試圖尋找對方更多過錯或缺點，讓自己正當化的「小自我」**。

若能做到以上三個內省，相信就可以避免掉進「可怕的言語」的陷阱了。

情緒性的責難會增強自己的攻擊性

其次，一旦情緒化地責難討厭的人，那麼我們對於對方的攻擊性就會更強。

我們的內心深處會產生「對方是不是也在某個地方責難我呢」或「對方以後會不會責難我呢」這種「他人不安」的情緒。

因此，**深層意識裡的防衛本能就會啓動，為了自我防衛，在面對對方的時候，我們會變得愈來愈具攻擊性**。

有一位歷史人物非常熟知這種微妙的心理，那就是豐臣秀吉。

傳說秀吉某次激怒了主君織田信長，受到蟄居（留在家中，不得於日間外出）的懲處，而他竟然於蟄居期間在家舉辦宴會、飲酒作樂。信長從家臣口中得知他的所作所為，卻只是大笑著說：「這隻臭猴子（譯註：豐臣秀吉綽號猴子）！」

秀吉能做到這件事，正是因為他熟知人的心理與信長的個性。

對秀吉破口大罵、下令蟄居的信長，其實心中也很在意秀吉對自己的感受。而秀吉在家中舉辦宴會，釋放出的訊息就是「大人，我對於這次奉命蟄居一事，沒有絲毫怨懟」吧。

假如當時秀吉的宅邸鴉雀無聲，信長大概疑心病會作祟，忍不住心想「那傢伙在想什麼？是不是在密謀盤算著什麼？」

從某種角度而言，秀吉的行為其實是在盡量降低信長心中的「他人不安」。

這是我們在日常生活與工作上都應該學習的微妙心理。

例如，當主管嚴厲責罵屬下時，通常我都會建議這個屬下主動去道歉；然而道歉的意義並不在於讓他保身，而是對主管發出「我誠心接受你的斥責」的訊息。

如此一來，便能緩解主管心中的自我厭惡，使他的心變得輕鬆，不必為無謂的擔心所苦。

考慮到人類的心理因素，日常的人際關係當中，如果與人產生摩擦，向對方傳達「我並不會記恨」、「我不在意」，以及「我不會放在心上」等訊息，就是一種有智慧的顧慮。

這種微妙的心理，反過來說也是一樣的。

當屬下被主管嚴厲責罵時，屬下的內心也會產生「主管是不是討厭我」、「主管是不是對我不抱期待了」的心情。那麼主管罵了人之後，也應該特地找別的理由，主動開口向屬下搭話。

我年輕時，在職場上也曾經遇過罵完屬下之後，連看都不看一眼的主管；當然，也有罵過屬下之後，就像忘記了這件事一樣，主動邀請屬下去吃午餐的主管。後者的主管想必是一位專家。

想要建立良好的人際關係，事先理解這種人類的微妙心理乃是極為重要。

光是在心中稱讚對方，就能減弱厭惡感

到這裡，我已經說明了「人並不是因為討厭對方而說出帶有嫌惡的言語，是因為說出帶有嫌惡的言語而變得討厭對方」這種人類的微妙心理，以及言語的可怕。

反過來說，只要能善加利用，便可以帶來堪稱「言語之妙」的美好結果。

換言之，假若我們能正確地使用言語，這個道理就會成真：**人並不是因為喜歡對方才說出帶有好感的言語，而是因為說出帶有好感的言語才變得喜歡對方。**

在第四個技法中，我提到了有助於喜歡別人的有效方法，其中之一就是使用帶有好感的言語。

前面介紹過我剛進公司任職時，人事部長對新進員工說「去喜歡一個你討厭的人」的小故事；這間公司的許多主管和前輩常分享「喜歡一個討厭的人」的方法，那就是：**如果你討厭一個人，那麼就找出他的優點，並化為言語稱讚他。**

倘若真的能夠實踐，的確是一個很有效的方法。不過讀者當中可能也有人會產生

這樣的質疑：「你叫我找出對方的優點，化為言語稱讚他，可是我實在做不到當面稱讚我討厭的人啊……」

這種心理乃是理所當然，但所謂的「化為言語稱讚他」，不一定非得要當面稱讚對方。我們可以先從「當對方不在場的時候稱讚他」做起。

假設討厭的人是職場上的工作夥伴，那麼就可以在其他同事在場時誇獎對方。如此一來，這個訊息自然而然就會傳達給他。

但重點並不在於直接或間接傳達給對方，即使對方不在場或訊息沒有傳達給對方，「稱讚」這件事本身也具有重要的意義。

因為**稱讚一個討厭的人，最大的意義，就是淨化我們自己的內心**。

即使默默稱讚對方，內心也會更為正向

如前所述，當我們在心中對某個人抱有厭惡感時，深層意識裡就會出現「自我厭惡」或「他人不安」的情緒，而這種負面情緒會傷害我們自己，使我們感到痛苦。

從這個角度來看，當對方不在場時稱讚他，就是淨化這些負面情緒的技法，對自

己來說意義極為重大。

因此，並不是非要在同事或其他人在場時才稱讚對方。**即使是深夜獨自在日記寫下稱讚的言語，來誇獎自己無法喜歡的人，心中也會出現重大的改變。**

關於這種「深夜日記」的技法，我在拙作《人生中發生的事，全是好事》（譯註：暫譯，原書名為《人生で起こること　すべて良きこと》）的內省日記技法中有詳細介紹，這也是我從年輕時就長期實行的心靈技法之一。

只要持續實踐，總有一天，當你深夜走在回家路上時，可能就會突然對這個無法喜歡的人，產生「話說回來，他的那一點其實也是好處啦」，或者「仔細想想，她的這個部分其實算是優點」的想法。

如此一來，不但可以淨化自己的內心，更能逐漸降低心中對於對方的厭惡感，有時甚至可能開始萌生好感。

如果未來我們會和對方見面，便能發現這具有一個重要的意義。

正如前述，在溝通當中，透過表情、眼神、肢體動作、態度和氛圍等言語以外的訊息，所傳達的內容占了八成。

換句話說，只要我們心中有一絲對於對方的好感，那麼這份好感必定能透過言語以外的訊息傳達給對方。

無論如何，就像我一開始所說的，人並不是因為喜歡對方才說出帶有好感的言語，而是因為說出帶有好感的言語才變得喜歡對方。

這是千真萬確的事實。

至於說出帶有好感的言語，也可以解釋為「在心中說出帶有好感的言語」。我們於此時此刻，就可以在心裡浮現那個無法喜歡的人的模樣，並想著「話說回來，他的那一點其實也是好處」或「仔細想想，她的這個部分其實算是優點」來稱讚對方。

這個心靈技法正是當下這瞬間，就能在心中實踐的技法。

Chapter 7

第六個心靈技法——

離別之後也要維繫心的關係

關於「愛」的定義

在日常的人際關係裡，磨鍊自我的第六個心靈技法就是：**離別之後也要維繫心的關係**。

人生中，一定會與他人產生各種對立和衝突。

譬如和朋友吵架、和情人分手、和親戚反目、和家人離別、和同事不合、對主管不信任、遭到屬下反彈、和鄰居產生口角等，這些都是人與人的心互相遠離的狀況。

就算我們想盡辦法避開這些狀況，仍舊會發生。

既然如此，人生中最重要的，並不是極力避免這些狀況，因為這些全都是無可避免的。

真正重要的是，當這些狀況發生時，我們的心必須擁有的力量是，承認自己的過錯，向對方敞開心胸，主動道歉與原諒對方，並且再次和解。

然而，在現實人生中，人與人的心互相遠離之後，不一定能夠立刻和解。

我們難免會遇到在某個時期無論如何都沒辦法喜歡的人，或是怎樣都沒辦法對他敞開心胸的人。於是雙方的心互相衝撞、互相遠離，然後就此分開。

這個時候我們該怎麼辦呢？

有一句話正好是可以應用於此時的人生智慧。

這句話依然出自河合隼雄先生，也就是「**所謂的『愛』，就是維繫著關係。**」

維繫關係也可以在心中實踐

世上關於愛的定義，在古今中外的書籍中可說有無數種，但我走在漫長的人生道路上，當處理現實中的人際關係時，最能派上用場的「愛的定義」，就是河合隼雄先生這句話。

而他所說的是什麼意思呢？所謂「維繫關係」又是指什麼？

這裡所說的並非離別之後也要偶爾碰面，也不是指離別之後偶爾透過書信或電話聯絡。

更正確地說，其實是離別之後，也要「在心中」維繫與對方的關係。

以職場上的情境為例。

B課長和屬下談話時，提起了好幾年前離職的A。這時B課長說：

「小A啊，這麼說來，當時好像的確有這麼一個年輕人呢……」

在同樣的狀況下，C課長則這麼說：

「噢，小A啊。他現在過得好嗎？幫我跟他問好，並轉告他隨時歡迎來玩。」

這兩名課長的反應，正好極端地展現出維繫關係的意義。

在B課長的心中，與A的關係已經不復存在。他不只是忘了A，而是連對這個人的興趣都喪失了。

相對地，C課長仍然維繫著與A的關係。即使兩人在職場上的關係早已結束，但是直到現在，他仍在心裡的某個角落關心著A。

可以發現，B課長在心中早已斷絕了和A之間的關係，C課長則至今都在心中維繫著和A之間的關係。

也就是說，根據河合隼雄先生的定義，C課長至今都還對A抱著有「愛」的心。

關於愛，有一句耳熟能詳的格言：

「愛」的相反詞並不是「恨」，而是「漠不關心」。

這句格言道出了事實。當我們喪失對某個人的愛，也就喪失對他的關心及興趣，甚至連那個人的存在都會忘卻。

日本自古常說的「緣分」和「擦身而過，也是累世之緣」的涵義，就是去感受人生中遇到的每一個人，與自己的「關係」所代表的深意，並且珍惜這份關係。這種「對他人的愛」的展現，可說是最具日本精神與深度。

這份對他人的愛，也就是維繫關係的想法，是一種富有彈性的睿智。

它代表的是，**即使人與人的心因為各種對立和衝突，而互相衝撞、遠離，依然留下未來能和解的餘地**。

「留下未來能和解的餘地」才是真正的智慧

本節我將說明為什麼留下「未來能和解的餘地」很重要。

簡單來說，**因為人心是會變的**。

人心其實遠比我們想像的還要柔軟。

就算因為對他人產生不信任、不滿、憤怒、嫌惡和憎恨等情緒，而使得雙方的心暫時遠離，但是隨著時間過去，這些情緒平復之後，原諒對方、願意認錯的想法，以及接受過去既定事實、在未來建立新關係的想法都會自然浮現。

真正的睿智，並非「心絕不遠離他人」這種宛如聖人般的智慧，而是「**即使心一時遠離他人，也留下能夠和解的餘地，在未來慢慢和解**」的智慧。

世上有許多人被認為不擅長應付人際關係。

這裡所指的絕對不是與人起衝突的人，而是與人起了衝突之後，無法與對方和解的人。

說得更明白一點，也就是與人起了衝突之後，不留下和解餘地的人。

擅長應付人際關係並非不與人起衝突

評論家草柳大藏曾說：「最近的年輕人，為什麼一分手就『再也不想見面』呢？為什麼要用這種『殘忍的方式』分手呢？」

這種傾向絕對不止出現在當時的「年輕人」身上。

無論什麼時代，都有人會在彼此心裡留下深深的傷痕，用「殘忍的方式」分手。「好惡分明的人」、「容易情緒化的人」和「心中小自我較強的人」，這些人往往會選擇殘忍的方式離別。

用一種無法留下「心」和「情分」，以及沒有「韻味」的方式離別。因此就算隨著時間流逝，彼此的心有所改變，可以和解的時刻來臨了，但也無法與對方和解。

這並不是因為無法承認自己的過錯或無法原諒對方。

而是因為過去離別時，**沒有留下心和情分，再加上離別的瞬間很殘忍，因此即使**

想要和解，彼此的心也因為那深深的裂痕，而沒有走向和解的餘地。

例如，在離別時丟出「我再也不想見到你」、「我再也不相信你」、「你背叛了我」、「沒想到你是這種人」或「我看錯你了」這類破壞性的言語。

倘若用這種方式分開，未來即使彼此的心意改變，雙方都有「想和解」的心情，過去那些破壞性話語也會成為心的阻礙，讓人跨不出第一步。

「當初分開時都說了那種話，事到如今……」這種心情會阻礙我們跨出去。

在不擅長應付人際關係的人之中，有些人離開之後所留下的場面，簡直可用「滿目瘡痍」來形容。

分開時與對方大吵、與對方決裂和與對方訣別的人……這些人經過幾年之後，幾乎沒有人能夠再次與對方心靈相通、互相理解或達成和解。

這種人所留下的，就是滿目瘡痍的人際關係。

而且絕對不只有年輕人，即使是年過花甲的人，也可能會留下這種人際關係。

有句成語叫做「不得人心」。

不知為何，有一種人，他身邊的人們都會逐漸遠離他。站在旁觀的立場來看，會發現離開他的都是好人。

但他本人卻沒發現。即使出人頭地，累積了許多財富，卻依然欠缺「圍繞在身邊的人」這種財富。

這種人就是不得人心。

為了不讓自己變得「不得人心」，我們必須具備一個重要的態度。

那就是在離別的時候依然維繫關係，並且留下和解的餘地。

「和解」有時會出現在十年之後

為什麼我要強調「維繫關係」與「留下和解的餘地」的重要性呢？

其實我也是在人生旅途上跌跌撞撞，才明白這一點有多麼重要。

請容我說一個小故事。

當我擔任智庫的部長時，有一位屬下A表示他想調到其他部門。而請調的原因，是他對我的管理方針強烈反彈。

我在經營一個組織時，非常重視團隊合作與團體行動。A是一位才華洋溢的人才，但總是過度追求個人表現，因此身為部長，我不得不對他特別嚴格。

但A可能無法接受我的管理方式吧，於是前來要求轉調。

我接受了請求，允許他轉調，最後在部長辦公室裡對他說：「到了新單位之後，要加油喔。」

然而A的反應卻始終冷淡。他沒有對我說謝謝，連點個頭都沒有，就這樣走出辦公室。他的背影，對我的管理方式表達了強烈的抗議。

之後，即使在公司走廊上遇見A，別說交談，他甚至連看都不看我一眼。聽起來這位屬下像是個任性又自我中心的人，但事實絕非如此。

現在回頭想想，我當時的管理方式的確不夠寬容，也不夠成熟。

儘管我是個不成熟的管理者，但一直相當重視某件事，就是「**謹記不要緊閉自己的心門**」。

這是因為在我成為管理階層之後，我的恩師Y教授說的那句「你真是不討喜」，仍然持續在我心中迴盪的緣故。

因此，即使A不願意看我、不願意和我說話或對我敞開心胸，每次在走廊或電梯裡遇見他時，我一定會主動對他說：「最近好嗎？」「我讀過那篇報導了！」「我看了你上電視的那集喔！」「你現在很活躍耶！」

當我持續透過這種形式，不斷對他說話一陣子之後，A開始用「對啊」、「還好啦」等簡短的答覆回應我。我覺得他凍結的心已經慢慢開始融化了，但還是不願意對我敞開心胸。

人心的柔軟會拉近彼此的距離

隨著時間的流逝，我和這位A都離開智庫，兩人踏上了新的旅程。當時他離開我的部門已將近十年，有一次，我偶然在東京丸之內某間飯店的大廳與他巧遇。

那時的對話，我一直放在心上。

「噢，小A，好久不見！」

「啊，田坂先生！好久不見了！」

「你看起來氣色很好耶。你在媒體上活躍的表現，我都有看到喔。」

「謝謝你。」

「下次有空，歡迎來我的新辦公室坐坐。」

「好的，我一定會去拜訪。」

幾天後，他真的造訪了我的辦公室。

他在接待室的椅子一坐下，便開口說出一段更令我印象深刻的話。

「田坂先生，我最近成立了一個NPO（編按：非營利組織），在我擔任代表之後，才明白田坂先生當時想告訴我的道理。最近每當我在管理工作遇到瓶頸時，都會想著：『如果換成是田坂先生，他會怎麼想呢』……」

這個小故事的意義，絕不是在炫耀我的管理能力；事實上，現在回頭想想，我的管理方式實在不成熟得令人汗顏。

真正值得稱頌的，其實是A能對自己曾經如此反彈的人，說出這番話的那顆「柔軟的心」。

我介紹這個故事的原因，就是想對各位讀者傳達一件事：

在人生中，**當我們的心遠離他人時，不論自己是個多麼不成熟的人，也必須做到在心中維繫與對方的關係。**

如此一來，人生有時就會送給我們一份「美妙的禮物」。

讓我們的離別充滿韻味

在這個故事裡，所謂「美妙的禮物」，就是經過十年的歲月之後，我還能和A和解，並且聽見他對我說出如此溫暖的話。

透過這個經驗，我也從人生中學到了一件重要的事：

即使過了十年，人依然能夠和解。

不論是多麼糟的人際關係，只要我們抱著正確的心態持續前進，就算經過十年以上的歲月，也能有機會與對方和解。

而這裡所謂的心態，就是不管在什麼樣的對立或衝突之後，也一定要「留下未來能與對方和解的餘地」這樣的態度。

因為不管發生了什麼事，人的心境都會隨著時間的經過而改變。

即使當初與對方起了激烈衝突，總有一天還是能夠原諒對方。

總有一天能夠承認自己的過錯。

總有一天能夠感謝對方。

既然如此，留下一個當自己與對方的心境改變時，便能和解的餘地，正是人們為了「度過美好人生」的睿智。

經過十年的歲月後，我還能與A和解的小故事，正是讓我學會這件事有多重要的體驗。

值得慶幸的是，我的步伐雖然笨拙，但是在人生中，體驗過許多次這種超過十年以上的和解。

透過這些體驗，我除了學會「留下未來和解的餘地」的睿智之外，也明白了「相信人心的柔軟」的心態。

當我們因為各種對立或衝突，以鬧翻或離別的形式，與他人「分開」的時候，即使心在當下沒有反應，我們也應該透過言語，替未來留下能夠和解的餘地。

「以後有機會再見吧。」

「希望有一天我們能笑著再會。」

「或許我們還有機會相見。」

不管說什麼都無妨，只要避免說出造成「殘忍的離別」的言詞，讓離別充滿韻味，那麼人生中必定能遇見許多超出你我想像的奇妙事情。

「柔軟的心」其實也就是相信人生充滿了奇妙的心。

能與已經辭世的人和解嗎？

在上一節中，我說明了該如何與過去產生各種對立或衝突的人「和解」。

不過，有些讀者或許會提出這樣的疑問：

「縱使我們能與過去遠離的人和解，但是如果對方已經辭世，應該就無法與他和解了吧？」

確實如此。

如果對方已經過世，那麼我們便無法當面與他和解了。

在人生中，的確可能遇到雙方的心遠離彼此，還來不及和解的時候，對方就過世的情形。

在這種時候，我們應該如何處理這樣的人際關係呢？

為此，我們必須更深入地思考和解的意義。

所謂的「和解」，究竟是與誰和解呢？

大家都認為，所謂的和解，是與「彼此的心互相遠離的人」和解。

但是其實我們必須和解的對象，以及要求和解的對象，並不止如此。

請容我說一個小故事。

我大學時代的一位朋友A自殺了。

他在遺書裡雖然沒有責怪任何人，但朋友們都覺得他之所以自殺，很可能是因為和B先生與C小姐之間的三角關係。

對於他自殺一事，感到最痛苦的就是B。

但是朋友們從來不曾為此責怪B，也不認為B應該受到譴責。

這件事發生在許多年過後，朋友們對A的記憶逐漸淡去的時候，有一次我偶然開車經過A的墳墓所在的寺院，當時已經是傍晚時分，天色昏暗。

我不經意地從車窗往外一看，只見B正好從寺院的正門走出來。那一天既不是A的祭日，也不是法事期間，他只是單純來掃墓而已。

我看見他的表情，瞬間便明白了。

從他的表情，我可以感受到經過了那麼多年，他還是對A的過世自責不已。我猜想，也許每當他因為這件事而感到痛苦時，就會獨自來掃墓吧。

這時我理解了所謂的「掃墓」，為什麼在我們的人生中具有重大的意義。

從某種角度而言，對古時候的人來說，掃墓其實也是一個與已過世的人進行「和解」的機會。

在那個時代，人們相信辭世的人，還活在極樂淨土或天國之類的地方。因此透過掃墓，就可以和他們溝通。

那是一個我們能對已經過世的人說話，或是傾聽他們的聲音，對他們表示感謝、祈禱、祈願，有時是向他們道歉和請求原諒的機會。

即使在科學發達的現代，許多人心中也會覺得透過掃墓這件事，可以和死者進行溝通。

我們真的能夠藉此和他們溝通嗎？

或許無論未來科學多麼發達，這都會是個永遠的謎。

然而在現代，的確有一種「和解」，可以透過掃墓在我們心中達成。

那就是自己與自己的和解。

放下自責，與自己進行深度而沉靜的對話

B為什麼會去替A掃墓呢？

相信他應該是想藉此向A請求和解吧——假如我們的聲音真的能夠透過掃墓傳達給已經過世的人。

然而另一方面，他在內心深處想尋求和解的對象，其實還有另一個人。

那就是「另一個自己」。這「另一個自己」想必一直不斷譴責將A逼上絕路的自己吧。他的內心深處，正不斷尋求與那個「無法原諒自己的自己」和解。而這個想法，正是促使他去掃墓的推手。

不只是B，事實上**我們每個人在內心深處，都會對已經過世的人抱著某種自責的念頭**。

自責生前沒有和對方建立良好的關係。

自責沒有支持對方，讓對方過得更輕鬆愉快。

自責無意間造成對方痛苦和悲傷。
自責沒能去理解對方的痛苦和悲傷。
自責沒能及時行孝。
自責沒能讓對方更長壽……
我們在內心深處，總是對已經過世的人抱持這些念頭，所以我們才會去掃墓，不是嗎？

在人生中，有時會因為內心深處抱著自責的念頭而去掃墓。
這個時候我們所尋求的，就是假如能夠實現，希望可以與已經過世的人和解。
然而即使這個願望無法實現，我們的內心深處其實還盼望著另一個和解，也就是自己與自己的和解。
有時我們之所以去掃墓，其實是為了對不斷自責的「另一個自己」，尋求和解與對話。
而掃墓的時候，假如我們能和「另一個自己」進行深度而沉靜的對話，那麼內心就會有種得到療癒的感覺。

當我們抱著這種感覺離開墓地時，總會覺得那個生前沒有辦法和解的人，似乎正靜靜地對我們微笑。

縱使那不是與已經過世的人達成和解的瞬間，卻是內心深處的自己得到療癒的重要時刻。

我們為什麼會去掃墓呢？

那是因為我們和已經過世的人依然維持著心的關係。

那是為了和對方與自己進行深度而沉靜的對話。

這段時間就是能讓我們的心靈成長，為我們的人生賦予深度且無可取代的時光。

Chapter 8

第七個心靈技法——

深思相遇的意義

有可能與「無法和解的人」和解嗎？

第七個心靈技法就是：**深思相遇的意義**。

這個技法是什麼意思呢？

在人生中，我們總難以避免遇見一些無法輕易與之「和解」的人。

例如，嚴苛得令人想逃跑的主管，或是只因為一點小失誤，就臭罵我們好幾個小時的顧客。

又例如，背叛了我們信賴的好朋友，或是因為繼承問題而骨肉相殘的親戚。

人生中必定有一種「不幸的相遇」，面對這個人，別說是承認自己的過錯了，甚至無論經過幾年的時間，都無法原諒對方。

對於這種相遇，我並不打算說以下這些話：

「即使如此，也應該原諒對方啊。」

「我們應該承認自己也有過錯啊。」

「不論發生什麼事，我們都應該主動敞開心胸啊。」

我年輕時也曾有一段時間處於「無法原諒對方」、「無法承認自己的過錯」和「無法主動敞開心胸」等心境之下，而深為人際關係所苦。

因此，我沒有資格對同樣為這種心境所苦的讀者們說教。我能與各位讀者分享的，就是自己如何跨越這種痛苦的心境吧。

在人生當中，**我們有時會察覺，許多曾經認為是不幸的相遇，其實是一種深具意義的相遇，以及難能可貴的相遇。**

偶爾是在無意間突然察覺，有時則在來來往往的心境當中，花上很多時間才慢慢發覺。

我們在什麼狀況下才會察覺這件事呢？

只要你還在思考「對方是否值得原諒」，就絕對不可能有機會發現。

那麼，究竟應該思考什麼樣的問題？

為什麼我會在人生裡遇見「那個人」？

一旦我們去思考為什麼會在人生中遇見某個人時，就已經超越了「對方究竟值不值得原諒」的層次，開始更深入地思索人生。

而深思與對方相遇的意義時，只要在心裡抱持一個觀點，那麼其意義往往就會清楚地浮現，那就是**在人生中，人與人的相遇，全都是為了讓自己成長而被安排好的**。

當然，我們無法知道是否真有「某種存在」，會替我們在人生中安排各種相遇。這也會是一個永遠的謎吧。

但是倘若能在心中抱持這種觀點，那麼以下問題便會具體地浮現：

透過與此人的相遇，以及體驗這樣的痛苦，此刻我成長的課題是什麼？我必須學到什麼？我必須把握住什麼？

事實上，即使沒有這麼明確，當上天賦予我們「不幸的相遇」時，相信大多數的讀者，應該也在內心深處感受並思考過這個問題吧！

我想請各位讀者回頭思考一下自己的人生，請大家試著捫心自問：

我是在什麼時候自覺有所成長？

我之所以能夠成長，是因為經歷了什麼樣的體驗？
那些體驗是否絕非快樂的體驗，而是痛苦的體驗？
而那些痛苦的體驗，是不是因為與某個人相遇而被賦予的體驗？
這麼一來，我們心裡自然而然就會進一步思考：
我之所以被安排與這個人相遇，並且經歷了痛苦的體驗，是為了讓自己在哪一方面有所成長？

當然，我們不可能只因為思考這個問題，就馬上擁有能與對方和解的心境。也不可能產生原諒對方、承認自己的過錯或向對方敞開心胸的心境。

可是當我們內心浮現這樣的問題時，內心深處對於這場相遇的「解釋」，就會開始有所改變。

本來認為這場相遇「只是一場不幸」的心境將會逐漸改變，慢慢感受到這場相遇其實具有某種意義吧。

當「不幸的相遇」變成「難能可貴的相遇」

我在人生中經歷過好幾次這類體驗，一開始認為某場相遇是一種不幸，但漸漸地感受到它其實是一場具有意義的相遇，最後更發現是難能可貴的相遇。

接下來，請容我再說一個年輕時的故事。

我在拙作《工作的思想》（譯註：暫譯，原書名為《仕事の思想》）中，也曾提過這個故事。同樣是發生在我剛出社會時，當時還是新進員工的我，準備前往某公司提出新企劃案。

我帶著前一晚熬夜製作的企劃書，來拜訪這家公司的部長，並在會議室進行簡報。我自己對這個企劃很有信心。

然而，當我報告完之後，那位部長突然喝斥道：「我們要的不是這種企劃！」

我腦中頓時一片空白，之後的事情都不太記得了。

當時我的上司，也就是我們課長雖然立刻緩頰，但我那微小的自尊心早已粉碎。

我只記得離開那間公司時，自己的心情就像一個慘敗的傷兵。

當我們過馬路時，我的同事A實在看不下去，於是對我說：

「田坂，我覺得你的企劃很棒啊，是那位部長沒有能力理解啦……」

要是說那瞬間我沒有想附和這番話，絕對是騙人的。

「對啊，那個部長根本什麼都不懂。」我當然也想這麼說。

然而當時我在心中硬擠出這句話，對A這麼說：

「謝謝你。可是，其實是我沒有能力寫出讓客人滿意的企劃書。」

這一天，就是我決定走上專業之路的原點。

在那之後，經過了三十五年的歲月，如今回首，多虧了那位部長犀利的言詞，我才能走上專業之路。

因為他的嚴厲斥責，讓我發現一件重要的事，那就是當時的我其實有一種「下意識的傲慢」。

雖然那時我沒發現，但其實我對自己的企劃具有莫名的自信，高傲地認為顧客一定會採用。

所以，那位部長可能感受到，眼前這個年輕業務員的內心深處有一種傲慢。在彬彬有禮的態度與措辭背後，其實有著隱藏的驕傲。

那位部長透過凶惡的態度，讓我察覺了這一點。

多虧了他，才有今天的我。

每場相遇都有其深意

直至今日，我經歷過無數次如同上一節所言，看似不幸相遇的體驗。而在不知不覺中，有個想法在我心中生了根：**即使看起來像是不幸的相遇，也必定有其深意。**

有時那會帶給我們一些重要的體驗，讓我們有所成長。

當我們察覺這個真相時，人生的「風景」就會不同。

日語中有許多詞彙都是在講述這個道理，例如「荒砥石」（譯註：磨刀石）一詞。

「現在回頭想想，那個主管對我來說真是個荒砥石啊。我覺得他每天都用工作的事在磨我。可是多虧了他，我這個人變得更圓滑了，改變我本來自我意識很強的個性啊。」我在年輕時，經常聽見人生中的前輩說類似的話。

值得慶幸的是，我自己也有幸遇見這種像「荒砥石」的人，透過和這些人的糾纏與奮戰，我察覺了自己心中的「小自我」，並且得以成長。

願意「面對」，就能引發解釋人生的能力

既然看似不幸的相遇，也必定有其深意，那麼我們應該如何得知這份深意呢？

為此，我們必須做一件事。

那就是「面對」這場相遇。

換言之，就是在心中面對與對方相遇的這個事實。

在第四個技法中，我提到了人際關係之所以會出問題，就是因為無法「面對」對方的緣故。

同樣地，**對人生的解釋之所以有問題，也是因為無法「面對」那個事實的關係**。

因為我們往往下意識地，將人生中的相遇分為「幸福的相遇」和「不幸的相遇」，而且只認同前者的意義和價值，卻不認同後者。因此，面對感覺像是不幸的相遇時，我們總是不願意面對「已經與對方相遇」的事實，同時避免從正面去思考其意義和價值。

一旦我們用心去面對這個不幸的相遇，理解其意義與價值，那麼很奇妙地，我們

的內心深處就會湧現一種解釋人生的能力。

所謂**「解釋人生的能力」，就是去解釋人生中所發生的事或遇見的人，各代表著何種意義的能力**。

讓我們再次回想這個問題：

透過與此人的相遇，以及體驗這樣的痛苦，此刻我成長的課題是什麼？我必須學到什麼？我必須把握住什麼？

假如我們擁有解釋人生的能力，那麼即使面對不幸的相遇，也能夠自己找出問題的答案。

「成長課題」永遠會緊追著我們

假如不去面對人生替我們安排的「不幸的相遇」，也不深入解釋這場相遇的意義，不將它與自身的成長連結起來，又會發生什麼事呢？

讓我先來談談所謂「過不了的考試永遠會緊追在後」是什麼意思。

例如，A在職場上與其主管B課長不合。B課長嚴厲的指導固然讓人厭煩，但更令A無法忍受的是，B課長總是神經質地指出他在工作上細微的錯誤。

A苦惱了好幾個月，最後決定向人事處申請調動，轉到其他單位。

新單位的C課長個性隨和、心胸寬大，A相信在這位課長手下工作一定很愉快。

但是當他來到新單位工作幾個星期後，忽然發現一件事。

這位C課長正如期待，的確是個個性隨和、心胸寬大的人。可是新單位的D副課長，居然與上一個單位的B課長非常相似。

不但嚴格，又很喜歡挑他的小毛病。

這就是過不了的考試永遠會緊追在後的情況。

人生中，只要是與人際關係相關的問題，幾乎都是雙方皆有錯，鮮少只有單方面有錯的情形。

因此，當我們面對人際關係的問題時，就算認為大部分的錯在於對方，自己必定也有某些過錯。而且許多時候，原因是出自個人的缺點或不成熟。

假使我們從這段人際關係中逃脫，或是從這份痛苦中逃離，別過頭去不願面對自己的成長課題，那麼，雖然問題看似暫時得到解決，但是一回神，**我們會發現自己再次被捲入相同問題，被迫重新面對自己的成長課題**。

也就是說，就算我們暫時逃開，那個「過不了的考試」也一定會追上來。

倘若不去直視眼前的人際關係所賦予的成長課題，堂堂正正地面對它，好好地解決它，無論我們如何巧妙閃躲，這個課題仍舊會化作另一段人際關係上的問題，出現在我們面前。

當我們在思考人生中「不幸的相遇」的意義時，這個「過不了的考試」常常帶給我們察覺的契機。

人生中的遭遇都是測試自己的「考試」

所謂「過不了的考試永遠會緊追在後」的現象，在我們的人生中，有時可能會以一種象徵性的形態出現。

我想藉由自己年輕時的某個體驗來說明這一點。

我在一九八〇年代，曾於美國的智庫工作。某次我獲得為期一週的假期，於是帶著家人去旅行，開車到加拿大國家公園。

在旅途中，我停靠在加拿大的某間加油站要加油，但那間加油站的老闆態度非常不友善，我提出抱怨後，雙方便吵了起來。

最後氣氛變得非常差，我帶著不愉快的心情離開了加油站，並在心中想著「我再也不會來這種地方加油了」。

可是心裡卻浮現「為什麼會和對方吵起來呢」這種自我反省的想法，內心一隅也殘留著一股慚愧的情緒。

很快地，我就忘了這件事，在加拿大國家公園度過了愉快的五天假期，然後準備返回美國。

然而在歸途上，不知道為什麼，車子發出了異常的聲響。

即使如此，我還是放慢速度，繼續把車往美國開；就在即將離開加拿大國境時，引擎開始發出非常奇怪的聲音，我勢必得找一個加油站，請人幫我修車才行。

就在我開到第一個看見的加油站時，沒想到引擎發出了巨大的爆炸聲，車子也完全無法動彈了。

當我心想怎麼辦的時候，坐在駕駛座的我一抬起頭，映入眼簾的正是前幾天和老闆吵架、帶著不愉快離開的那間加油站；也就是我心中想著「再也不要來了」的那間加油站。

正確解釋相遇的意義

面對這種做夢也想不到的狀況，一瞬間我不知該如何是好，然而奇妙的是，在下一秒鐘，我聽見了從內心深處發出的聲音。

「車子之所以會在這間加油站前動彈不得，一定具有某種深意……」

接著，我心裡又浮現了另一個想法。

「對了，我必須向加油站的老闆道歉才行。車子之所以在這裡拋錨，就是為了這個啊。」

我一邊這麼想著，一邊走進店裡，而老闆也還記得我，並露出了驚訝的表情。我沒有絲毫迷惘，直視著他的眼睛，然後誠懇地說：

「前幾天真是對不起……」

那一瞬間，加油站老闆的表情變了。從他的表情中，我能確定自己的心情已經傳達給他了。

我看著他，接著說：

「我想拜託你幫忙，我的車子拋錨了……」

於是那位老闆用和前幾天判若兩人的眼神注視著我，沉穩地說：「我知道了。」便幫我檢查車子。

接下來他親切又仔細地幫我修理車子，我除了表示感激，同時也在心中留下深刻的印象。

看著他修車的模樣，我覺得自己這個不成熟的人，似乎又學到了一件重要的事。

我在距離日本如此遙遠的加拿大，因為一種奇妙緣分的引導下，與這個加油站的老闆相遇，雙方的心產生衝突、遠離彼此，最後又互相敞開心胸，完成了和解。

這是一個難能可貴的體驗，而我相信每個人一定也都有類似的經驗吧。

我之所以介紹這個體驗，就是因為它是一個象徵性的事件。當我在面對自以為是「不幸的相遇」時，就必須針對這場相遇及這起事件發揮「解釋人生的能力」。

遇見這類問題的時候，我們必須回答的並非「該怎麼解決這個問題？」「該怎麼請前幾天吵過架的老闆替我修車？」

在那之前，我們應該深入思考的是「為什麼會發生這種問題？」「為什麼車子偏偏就在這間加油站前拋錨？這件事情教了我什麼呢？」

人生真的很奇妙，**一旦我們找出正確答案，正確地解釋相遇的意義，以及事件發生的意義，那麼不知為何，眼前的問題自然而然就會解決。**

該來的人生測驗總會巧妙出現

換言之，在這種狀況下，我們真正應該發揮的不是解決問題的能力，而是解釋人生的能力。

當時，在我問自己「為什麼車子偏偏就在這間加油站前拋錨？」這個問題時，浮現在心中的答案是「喔，原來有種力量正在教我，要培養一顆能與產生衝突的人和解的『柔軟的心』啊」。

也就是說，這件事情對我來說，並不是「為了請對方幫忙修車，迫於無奈只好與他和解」。

而是「為了讓我培養一顆能與人和解的『柔軟的心』，所以才會和這位老闆起口角，車子也才會在那裡拋錨」。

如上所述，**即使是人生中的萍水相逢或微不足道的小事，在面臨某個問題的瞬間，我們都必須發揮解釋人生的能力。**

這個時候，在思考「該怎麼解決這個問題」之前，如果能夠先以「為什麼會發生這個問題」的觀點，來解釋這起事件的意義，那麼很奇妙地，眼前的問題通常都會迎刃而解。

從這個角度來看，在加拿大發生的這起事件雖然只是一件小事，卻是要求我發揮解釋人生的能力，同時替我增強這種解釋能力的難能可貴的事件。

當我們離開加油站回美國的途中，忽然間我的心裡就浮現「過不了的考試永遠會緊追在後」這句話。

在前往加拿大的路上，我被安排要應考「和加油站老闆產生衝突」的人生測驗。當下我沒有回答出正確答案就離開，然而五天後，這個問題竟然以一種戲劇化般的巧合再次出現。

這就是人生中經常可見的巧妙安排。

在那之後的人生中，我更體認到，有些「過不了的考試」即使經過十年歲月仍會追上來。

●「解釋人生的能力」即編寫「人生故事」的能力

如前所述，為了讓人生中本來以為是「不幸的相遇」轉成「有意義的相遇」，更進一步轉為「難能可貴的相遇」，我們必須透過深思這場相遇的意義，來學習並精進解釋人生的能力。

那麼，所謂學會並精進「解釋人生的能力」是什麼意思呢？直接一點來說，就是**培養在心中編寫人生故事的能力**。

以我在加拿大發生的事情為例，可以如何解釋呢？

第一個解釋是，正如前面敘述的，「我去加拿大旅行時，和加油站老闆起了口角。沒想到我很倒楣，回程時車子又正好在那間加油站前拋錨。為了請老闆幫忙修車，無計可施的我只好向老闆道歉」。換句話說，也就是我在自己心中編寫了這個人生故事。

另一個解釋則是，「我去加拿大旅行時，和加油站老闆起了口角。回程時車子拋錨了，但沒想到拋錨的地點正好在那間加油站前。這是為了讓我培養一顆能與產生衝突的人和解的『柔軟的心』，因而被安排出現在我面前的測驗」。這也是在心中編寫人生故事。

若去討論這兩個解釋何者才正確是沒有意義的。這裡並沒有像科學定理一樣，任誰來看都正確的客觀解釋。

我們應該問的是「哪一個故事能讓自己的心坦然接受？」更進一步地說，是「哪一個故事能讓自己的心得到療癒？」以及「哪一個故事能讓自己的心有所成長？」

人生故事其實是主觀的解釋

人生在世，無論有意識或無意識，我們都會在心中編寫出無數個這樣的故事。尤其當我們回顧人生，訴說過往回憶時更是明顯。

例如，我們經常可以聽到以下這些說法。

「自從遇見那個人之後，我的人生就變得糟透了。那個人簡直是瘟神。」

「那個人是我的幸運女神，總是為我創造很棒的機會。」

「我們為了達成這個對社會有貢獻的事業，而在某種力量的引導下相逢。」

「他和她最後果然被命運的紅線繫在一起了呢。」

「我的父親就像一個專制的暴君，我的原生家庭是個令我喘不過氣的地方。」

出現在這些句子裡的「瘟神」、「幸運女神」、「某種力量」、「命運的紅線」及「專制的暴君」，都不是科學上任何人都同意的**客觀事實**，而是當事人解釋這場相遇的**主觀故事**。

我們有意識或無意識編寫出的人生故事，有時會否定自己的人生，彷彿人生悲傷慘痛，但有時也能堅定地認同自己的人生，鼓勵自己、讓自己得到療癒。

所謂「解釋人生的能力」，從某種角度而言，就是在**面對人生中被安排的相遇或事件時，具有編寫「能夠鼓勵自己、能夠療癒自己，以及能夠讓自己成長的故事」的能力**。

那段在加拿大發生的插曲，直到今日，在我心中仍是一個讓我成長的故事。

即使是有衝突的相遇，也是深厚的緣分

到這裡為止，我說明了「深思相遇的意義」之重要性，不過，人與人的相遇究竟是什麼呢？

在這個時代，地球上住著超過七十億的人。

只要打開電視，就能透過鮮明的影像，看見地球另一邊的人們的生活。那些人的表情和聲音，也能藉此呈現在我們面前。

但我們絕對不會與那些人相遇。

無論我們一生中想與多少人相遇，也只能遇見七十億人當中的極小部分。

這就是我們的人生。

每個人幾乎都只有不到一百年的短暫人生，從人類歷史或地球歷史的角度來看，的確有如一瞬。

我們每個人都在度過「一瞬的人生」。

因此，人生中的每次相遇，其實都是「一瞬的人生」與「一瞬的人生」交會，然後造就**宛如奇蹟的瞬間**。

假如能意會到這個事實，我們就會知道，即使是雙方的心互相衝撞或傾軋的相遇，無論這場相遇看起來多麼不幸，其實都是奇蹟般的相遇。

有一個詞彙便表明了關於相遇的奇妙，那就是「緣分」。

若是沒有緣分，我們絕對不可能相逢。

既然如此，每一場相遇就都是深厚的緣分。

當我們理解這個道理時，生命中人際關係的景緻，想必看起來就會不一樣了。

眼中看到的那片風景，必定就此開始閃耀。

過去有一位度過了短暫人生的社會運動家，曾寫下這篇宛如詩歌般的文章，來敘述在街頭運動中人與人的相遇：

今晨在車站前發傳單時，
你將我的手揮開，就這樣走過。

我們的相遇或許是一場不幸的相遇。
我們的相遇或許是一場寂寞的相遇。
但能和你相遇，眞是太好了。
即使如此，能和你相遇，眞是太好了。

他說的一點也沒錯。
無論是什麼樣的相遇，其實都是難能可貴的相遇。
所謂的難能可貴，就是難以獲得、難以發生的意思，所以正是只能用「奇蹟」來形容的相遇。

我們藉由相遇而共同成長

我們都正在度過唯有一次的「無可取代的人生」，因此，每個人都相當珍惜這段人生。

所謂珍惜人生是什麼意思呢？

正是要「珍惜在人生中相遇的人」。

那麼，珍惜在人生中相遇的人又是什麼意思？

絕對不是指別和對方產生衝撞。有的時候，與對方產生不和、不信任、反目、反彈、對立或衝突也無妨。

我們必須超越那個事件，讓彼此的心產生更深的連結；必須超越那個事件，讓彼此有所成長。

這就是「珍惜在人生中相遇的人」所指的意思，也是珍惜人生的真義。

為了讓彼此有所成長，最重要的，就是去思考這場相遇的意義，同時問問自己以下問題：

這場相遇希望我能有什麼樣的成長？

這場相遇告訴了我什麼？

這場相遇希望我能學會什麼？

有關相遇的意義，並沒有寫在任何一本書上。

那是我們每個人必須用自己的心去感受。

本書中提到的「琢磨自我」，就是去培養感受其意義的能力。

後記

「琢磨自我」的真義

以上就是我提供給各位讀者們參考，能使人際關係好轉的心靈技法。

請容我在此將七個技法再羅列一次。

第一個心靈技法　在心中承認自己的過錯

第二個心靈技法　主動開口，讓視線交會

第三個心靈技法　凝視心中的「小自我」

第四個心靈技法　試著喜歡對方

第五個心靈技法　了解言語的可畏，善用言語的力量

第六個心靈技法　離別之後也要維繫心的關係

第七個心靈技法　深思相遇的意義

這些全都是我們在日常生活或工作中面臨人際煩惱時，可以立刻想起，並且只要透過些許努力就能實踐的技法。

假如各位讀者能持續實踐這七個心靈技法，那麼每天面對的人際關係，便能成為琢磨自我、提高做人能力的絕佳機會。

「琢磨自我」的唯一方法就是與人奮戰

正如我在本書開頭所說的，琢磨自我和提高做人能力的方法並不是閱讀經典，當然也不是到深山裡修行，而是在每天的工作和生活中，面對與我們有緣分、與我們相遇的人，並且與之奮戰。對方可能是我們的家人、親戚、朋友、點頭之交、主管、屬下、顧客、同業、店員或鄰居。

不過所謂的「奮戰」並非吵架。而是指兩個不成熟的人，在產生不和、不信任、反目、反彈、對立或衝突時，**即使雙方的心互相衝撞和遠離，也能為了互相原諒，承認自己的過錯，敞開心胸向對方道歉，彼此理解後，達成和解並建立良好的關係，為此而奮鬥和努力。**

因此，奮戰的本質並不是「與對方的心戰鬥」，凝視著心中的「小自我」才是奮戰的意義。

這裡所說的奮戰，也不是指丟棄或壓抑自己心中的小自我，而是靜靜地凝視，也就是**安靜地奮戰**。

當「小自我」的吹噓、虛榮心、優越感、自卑感、嫉妒、羨慕等情緒，以「無法原諒對方的自我」、「不願承認過錯的自我」、「拒絕敞開心胸的自我」、「排斥道歉的自我」等形式，在心中蠢蠢欲動的時候，我們必須靜靜地凝視這個小自我，絕對不能被捲進那些情緒中。

這就是奮戰一詞真正的涵義。

然而，想要實踐「靜靜地凝視」這點，就必須在心中孕育一個稱為「安靜的觀察者」的另一個自己才行。有關這點，我在拙作《多重人格的天賦力量》中有詳盡說明；而為了琢磨自我、提高做人的能力，在心中培養一個「安靜的觀察者」，正是一個極為重要的課題。

最終，我們究竟要琢磨什麼呢？

假如琢磨自我唯一的方法，就是與人奮戰，那麼最終究竟要琢磨什麼呢？

常聽見人們說：「他在人際關係上吃了很多苦頭，現在變得圓滑了」，或是「經過人際關係的洗禮後，她的稜角被磨平了」等說法。

然而，本書所談的「琢磨自我」並不是這個意思。

我的意思並不是「就如同只要研磨石頭，就能把石頭的稜角磨圓一樣，所以琢磨自我，就能使小自我消失」。

正如我屢次強調的，就算以為扔掉、消除了我們心中的小自我，其實也只是壓抑它而已；雖然它會暫時躲藏在內心深處，可是一定還會在別的地方露臉，有時甚至會做出具有否定性或破壞性的行為。

本書所說的「琢磨自我」，既不是扔掉小自我，也不是消除它。而是讓自己能夠看見心中小自我的一舉一動，進而靜靜地凝視著它那具有否定性或破壞性的行動。

假如能做到以上這點，便可以使過去充滿否定性的人際關係好轉，並在未來建立良好的人際關係。

當我們看得見心中小自我的動作之後，又會發生什麼事呢？

一言以蔽之，**「內心的鏡子」就再也不會模糊不清**。如此一來，**我們便能清楚地看見自己、他人及事物的姿態**。

相反地，如果我們看不見心中的小自我，「內心的鏡子」就會變得模糊不清，無法看見自己、他人及事物的真實面貌。因為小自我的種種負面情緒，會將這些事全都解釋成它喜歡的模樣。

持續往前，登上「成長」的山頂

綜上所述，所謂的琢磨自我，就是要磨亮內心的鏡子。

除此之外無他。

「琢磨自我」是為了讓自己有所成長、提高做人的能力，但是假如沒有透過「磨亮內心的鏡子」來看清自己、他人及事物的真實面貌，那麼就無法達成目標。

因此，**靜靜地凝視心中的「小自我」，並且磨亮經常因為它而變得模糊的「內心的鏡子」**。**這就是「琢磨自我」真正的涵義**。

正因如此，我們必須走過一條遙遠而漫長的山路，才能抵達名為「琢磨自我」的山頂。

隨著歲月的流逝，我總算一步一步地走上了這條山路。

但是，自己的不成熟只有自己最清楚。對我來說，聳立在眼前的那座山，山頂仍然是遙不可及。

我不斷追求琢磨自我，追求身為一個人的成長，至今走過了六十五年的歲月。

即使如此，走在這條山路上，我心裡還是會這麼想：

「我會不會一生都如此不成熟，就這樣結束人生呢？」

雖然心中抱著這樣的想法，我還是繼續往前走。

有句話能夠讓一個不成熟的人得到救贖：「**求道，是道也**。」

走在人生路上，不斷地尋求得道，這樣的態度不就是已經得道了嗎？

一名旅人被這句話所救贖，被這句話所鼓勵，因此繼續往前走。

即使帶著不成熟，為了成長而向前進的身影；為了琢磨自我，花上一生的時間，持續前進的身影，不就是最尊貴的身影嗎？

當我體悟這一點時，就看見了以登上名為「成長」的山頂為目標，畢生不斷往上攀爬的先人們的背影，那背影看起來耀眼無比……

那些優秀的先人們是不是也受到這句話的鼓勵，才能繼續走下去呢？

求道，是道也。

一名旅人被這句話所救贖，被這句話所鼓勵，因此繼續往前走。

而現在，這名旅人下定決心。無論腳步多麼緩慢，無論步伐多麼笨拙，都要持續往前走，直到人生的盡頭，直到最後一刻。

同時將「琢磨自我」這句話放在心中。

謝詞

首先我要感謝光文社新書的總編三宅貴久先生。

和三宅先生合作的作品有：

二〇一四年付梓的《磨鍊知性》（譯註：暫譯，原書名為《知性を磨く》），二〇一五年付梓的《多重人格的天賦力量》，二〇一六年付梓的《為什麼缺點多的人反而受歡迎》；本書也是此三部系列作品的完結。

三宅先生總是以柔軟的心支持我的創作，我由衷感謝這個緣分。

接著，我要感謝對本書原稿惠賜意見的藤澤久美小姐。

自從二〇〇〇年六月攜手創設全球化網路智庫Think Tank SophiaBank以來，已歷經十六年。

如今藤澤小姐也來到了我當時的年紀。

回首過去，才發現這十六年來的所有勞苦都成為我們的精神食糧。

在這段路上，我們持續地琢磨自我、追求成長，但山頂還在遙遠的另一方。

接著，我要感謝總是溫暖地陪著我寫作的家人——須美子、誓野、友。

此刻在富士這塊土地上，櫻花季節已經結束，正準備迎接燦爛的新綠。

每當望著白雪靄靄的富士山，我都會心想，即使踏著笨拙的步伐，邁向巍巍山頂的人生，依舊值得感激。

最後，我要將這本書獻給我已經過世的父母。

他們的一生背負著難以言喻的辛勞，而雙親在人生旅途中對我說的這句話，直到今天都還支持著我：

「有些事情是必須花上一輩子去學習的。」

每次在墓前與兩人對話的時候，我都能得到沉靜的療癒。

田坂廣志

二〇一六年四月十七日

作者簡歷

田坂廣志（TASAKA HIROSHI）

一九五一年生。一九七四年畢業於東京大學工學院。

一九八一年，東京大學研究所課程修畢。獲工學博士（核子工程學）學位。同年進入於民間企業就職。

一九八七年，擔任美國巴特爾（Think Tank Battelle）紀念研究所客座研究員。同年，擔任美國太平洋西北（Pacific Northwest）國立研究所客座研究員。

一九九〇年，參與設立日本總合研究所。十年內與七百零二家企業共同創立二十個異業聯盟。透過培育創投企業與開發新事業，致力於創造民間主導之新興產業。歷任董事、創發戰略中心所長等職。現為該研究所院士。

兩千年，擔任多摩大學研究所教授，講授社會創業家論。同年，設立以二十一世紀的知識典範轉換為目標的Think Tank SophiaBank，並就任代表。

二〇〇三年，設立社會創業家論壇，以透過培育及支援社會創業家改變社會為目標，並就任其代表。

二〇〇五年，被美國非營利組織Japan Society遴選為US-Japan Innovators。

二〇〇八年，成為世界經濟論壇（主辦達佛斯論壇）Global Agenda Council會員。

二〇〇九年起，以TED會員身分，每年出席該會議。

二〇一〇年，獲選為世界賢人會議布達佩斯俱樂部（Club Of Budapest）之日本代表。包括達賴喇嘛、德斯蒙德・杜圖大主教、穆罕默德・尤納斯博士、前蘇聯總統米哈伊爾・戈巴契夫等四位諾貝爾和平獎得主皆為名譽會員。

二〇一一年，因三一一大地震和福島核電廠事故，就任內閣官房參事。

二〇一三年，開設「田坂塾」，提供學習思想、眼界、志向、戰略、戰術、技術和人格等「改變現狀的七種知性」之場所。目前日本全國共有超過二千八百名經營者和領導者參加。

至今已於日本國內外出版八十多本著作，並在世界各國出版著作，積極展開演講活動。

主要著作

論「思想」

《生命論典範的時代》（《生命論パラダイムの時代》，Diamond社）
《首先，改變世界觀吧》（《まず、世界観を変えよ》，英治出版）
《複雜型知識》（《複雑系の知》，講談社）
《蓋亞的思想》（《ガイアの思想》，生產性出版）
《被遺忘的睿智》（《忘れられた叡智》，ＰＨＰ研究所）
《活用辯證法》（《使える弁証法》，東洋經濟新報社）

論「未來」

《預見未來的「五個法則」》（《未来を予見する「5つの法則」》，光文社）
《能看見未來的階梯》（《未来の見える階段》，Sunmark出版）
《看不見的資本主義》（《目に見えない資本主義》，東洋經濟新報社）

《下一秒，優勢還在嗎？》（先覺）

《未來的知識社會將會發生什麼》（《これから知識社会で何が起こるのか》，東洋經濟新報社）

《未來的日本市場將會發生什麼》（《これから日本市場で何が起こるのか》，東洋經濟新報社）

論「戰略」

《首先，改變戰略思考吧》（《まず、戦略思考を変えよ》，Diamond社）

《未來的市場戰略將會如何改變》（《これから市場戦略はどう変わるのか》，Diamond社）

論「經營」

《複雜型經營》（《複雑系の経営》，東洋經濟新報社）

《內隱知識的經營》（《暗黙知の経営》，德間書店）

《為什麼管理會遇到瓶頸》（《なぜ、マネジメントが壁に突き当たるのか》，ＰＨＰ研究所）
《我們為何走上管理之路》（《なぜ、我々はマネジメントの道を歩むのか》，ＰＨＰ研究所）
《心靈管理》（《こころのマネジメント》，東洋經濟新報社）
《寫封與工作無關的信，給部屬》（大是文化）

論「人生」

《深深思索，靜靜察覺》（《深き思索　静かな気づき》，ＰＨＰ研究所）
《為了繼續做自己》（《自分であり続けるために》，ＰＨＰ研究所）
《給開創未來的你們》（《未来を拓く君たちへ》，ＰＨＰ研究所）
《該如何生活》（《いかに生きるか》，Softbank Creative）
《何謂人生的成功》（《人生の成功とは何か》，ＰＨＰ研究所）
《人生中發生的事，全是好事》（ＰＨＰ研究所）

論「工作」

《工作的思想》（ＰＨＰ研究所）

《為何要工作》（《なぜ、働くのか》，ＰＨＰ研究所）

《何謂工作的報酬》（《仕事の報酬とは何か》，ＰＨＰ研究所）

《未來的工作形態將會如何改變》（《これから働き方はどう変わるのか》，Diamond社）

《為何無法善用時間》（《なぜ、時間を生かせないのか》，ＰＨＰ研究所）

論「成長」

《琢磨知性：「Super Generalist」的時代》（《知性を磨く　「スーパージェネラリスト」の時代》，光文社）

《多重人格的天賦力量》（三采）

《成為知性專家的戰略》（《知的プロフェッショナルへの戦略》，講談社）

《專業進化論》（《プロフェッショナル進化論》，ＰＨＰ研究所）

《幫助持續成長的七十七句話》（《成長し続けるための７７の言葉》，ＰＨＰ研究所）

論「技法」

《工作的技法》（《仕事の技法》，講談社）

《何謂經營者該說的「有力量的言語」》（《経営者が語るべき「言霊」とは何か》，東洋經濟新報社）

《從達佛斯論壇觀察世界主要領導人的話術》（《ダボス会議に見る世界のトップリーダーの話術》，東洋經濟新報社）

《決策：十二個重點》（《意思決定　１２の心得》，ＰＨＰ研究所）

《企劃力》（《企画力》，ＰＨＰ研究所）

《業務力》（《営業力》，Diamond社）

※註：臺灣未出版書籍，中文書名皆爲暫譯。

作者資訊

・學習思想、眼界、志向、戰略、戰術、技術、人格等「改變現狀的七種知性」，欲參加「田坂塾」者，請透過電子信箱聯繫：tasakajuku@hiroshitasaka.jp

・欲訂閱作者定期電子報「風的消息」，請透過下方網址訂閱：「未來之風論壇」
http://www.hiroshitasaka.jp

・表達意見或感想，請寄至作者個人電子信箱：tasaka@hiroshitasaka.jp

・欲欣賞作者演講，請查詢：YouTube「田坂広志　公式チャンネル」

HEART
心|視野 心視野系列 015

為什麼缺點多的人反而受歡迎？

讓你自信做自己，又能贏得人心、無往不利的七個心靈技法
人間を磨く人間関係が好転する「こころの技法」

作　　者　田坂廣志
譯　　者　周若珍
總 編 輯　何玉美
選 書 人　李嫈婷
責任編輯　曾曉玲
封面設計　萬勝安
內頁設計　Copy
內文排版　菩薩蠻數位文化有限公司

出版發行　采實出版集團
行銷企劃　黃文慧・陳詩婷
業務發行　林詩富・張世明・何學文・吳淑華・林坤蓉
印　　務　曾玉霞
會計行政　王雅蕙・李韶婉
法律顧問　第一國際法律事務所　余淑杏律師
電子信箱　acme@acmebook.com.tw
采實官網　http://www.acmebook.com.tw
采實粉絲團　http://www.facebook.com/acmebook

ISBN　978-986-94644-4-4
定　　價　280 元
初版一刷　2017 年 6 月
劃撥帳號　50148859
劃撥戶名　采實文化事業股份有限公司
104 台北市中山區建國北路二段 92 號 9 樓
電話：02-2518-5198
傳真：02-2518-2098

國家圖書館出版品預行編目資料

為什麼缺點多的人反而受歡迎？ / 田坂廣志作；周若珍譯.
-- 初版. -- 臺北市：采實文化, 2017.06
面；　公分. -- (心視野系列；15)
譯自：人間を磨く：人間関係が好転する「こころの技法」
ISBN 978-986-94644-4-4(平裝)

1.職場成功法 2.人際關係

494.35　　106005396